關

西

Kansai Vegetarian restaurant

美味蔬食餐廳

55選

食

素

目次

contents

本書刊載的店家資訊，如營業時間、公休日、菜單、料理價格等，皆為2019年11月當時取得之訊息。日後如有更動，以店家公告為準。

Prologue

東京食素 出版後的故事

2018年12月在台灣出版了《東京食素 美味蔬食餐廳47選》。
獲得了許多好評之餘,出乎意料的是短時間內就再版三刷。
每天都收到許多人的感謝留言。
前幾個禮拜在東京素食餐廳用餐時,
遇到了一位帶著指南書來東京的旅行者(上面貼滿了很多便箋)。
在那一刻,我心底想「雖然很辛苦,但我很高興完成了這件事。」
另外,出版《東京食素》後,
日本觀光旅行的相關業界也終於開始關注素食者群體。
「沒想到台灣有那麼多素食者。」
「要開始研究素食菜單。」等等,餐廳和飯店經常如此留言給我。
我收到許多粉絲們的敲碗,「也想要關西版的素食指南書!」
為了回應大家的期待,決定開始籌劃《關西食素》一書。
為了實現出版計畫而作了群眾募資。
跨越國界的群眾募資計畫,一路走來非常不容易。
一直支持著我的,是眾多的素食朋友們。
受到各界的大力支持與協助後,關西版的群眾募資成功達到目標!
再次表達我的感謝。
在關西採訪時,有些美味的素食料理,
是當地餐廳特地借此機會研發,開始提供的素食新菜色。
通過這次的計畫,相信我們每一個人匯聚起來的力量,
可以慢慢改變日本的食素環境。
我想這本書會非常有幫助,
讓來日本旅行的人更加享受日本的魅力,並且還來想一來再來。
在此特別感謝
素易 林紘睿先生
雅書堂 詹慶和先生　蔡麗玲小姐　蔡毓玲小姐

山崎 寬斗 Hiroto Yamazaki

1994年出生。

Facebook粉絲專頁「日本素食餐廳攻略」的版主。

一個喜歡台灣的日本人。

大學的時候來到台灣旅行，因而愛上了台灣。

至今到台灣旅行已超過十次。

透過大學時兼任的導遊活動接觸到很多素食遊客，

自己也在潛移默化之下成了素食者。

這時發現來日本的外國素食遊客很多，但素食餐廳卻不易找到。

隨後開始在台灣以及華語圈中大力推廣日本的素食餐廳。

Facebook粉絲專頁

「日本素食餐廳攻略」

https://www.facebook.com/JapanVegeReataurant/

你的素是不是我的素？
關於吃素這回事

近年來歐美基於環境友善的減碳問題，以及關懷動物平權的影響下，掀起了一股拒絕食用動物性成分的蔬食風潮。然而包含印度和華人圈的東方素食，因著宗教而有不吃植物性的五辛等禁忌。以下將以中、英、日對照的方式，簡單介紹各式各樣的素食形態，以及相關小知識。

純素
＝東方素
＝Oriental Vegetarian
＝オリエンタルベジタリアン

因宗教不殺生的教條影響，規範嚴格的素食。不吃任何含動物性成分的食品，包括蛋、奶製品，並且禁五辛。氣味強烈的韭菜、洋蔥、蔥、蕗蕎與蒜頭統稱為五辛，亦稱五葷，被學佛修行之人視為容易影響情緒的修行障礙物，必須戒除。因此雖然是植物，卻不食用。

維根
＝五辛素
＝Vegan/ veganism
＝ヴィーガン

歐美風行的素食主義（維根），不吃任何含動物性成分的食品，包括蛋、奶製品，甚至蜂蜜等動物相關產物。但是對台灣等基於宗教吃素的素食者，等同五辛素。也就是不忌氣味強烈的韭菜、洋蔥、蔥、蕗蕎與蒜頭等辛香料。

蛋奶素
＝Vegetarian/
　Lacto-ovo-vegetarian
＝ラクト・オボ・
　ベジタリアン

同樣是因為宗教影響衍生的素食主義，不吃任何含動物性成分的食品，也禁五辛，但是基於符合不殺生的定義，將蛋、奶視為素食，因而允許食用蛋、奶製品。是一般人較容易接受的素食方式。

大自然長壽飲食法
＝Macrobiotic
＝マクロビオティック

常簡稱為Macro或Macrobi。Macrobiotic是由macro=廣大的、bios=生命的、tic=方法三個單字組成。主張不吃肉類、加工製品和白砂糖，食用糙米、全麥、豆類、蔬果、海藻為主。日本的玄米菜食、自然食、食養、正食、マクロビ、マクロ、マクロバイオティック，都是指這種素食。※基本上含五辛和少量魚。

彈性素／方便素／鍋邊素
＝Flexitarianism
＝フレキシタリアン

生活中盡量選擇素食，但如果條件不允許，也會食用非素食料理的半素食主義。像是僅初一、十五拜拜時吃素，或只挑料理中的蔬菜食用的鍋邊素，都是屬於這種類型。

清真素
＝Halal
＝ハラール

因宗教影響，規範嚴格的素食。清真飲食有著嚴格的認證制度，通過認證的食材和餐廳都會有Halal（合法‧許可之意）標示。主要禁忌為豬肉（雜食性動物、食肉動物）與酒精，可食用水產、家禽（雞、鴨、鵝）、草食性動物（牛、羊、兔、駱駝等）。

印度教素食
＝Hindu Vegetarian／
　Indian Vegetarian
＝ヒンドゥー ベジタリアン

關於素食的規定，印度素食者不同派別間差異很大。印度教教徒不吃雞蛋，但吃牛奶及奶製品；而耆那教徒可以食用奶製品，但不食用蛋製品、蜂蜜及任何形式的根莖食品與蔬果，例如蔥頭、大蒜和土豆等，更嚴格的耆那教徒，則以苦行的方式堅持素食，不僅戒蛋和牛奶，甚至戒大豆、食鹽等。印度南北也有差異，南部盛行嚴格的素食主義，連雞蛋和奶製品也不吃。

世界素食日
World Vegetarian Day

北美素食主義者協會於1977年設定，每年的10月1日為世界素食日。1978年，國際素食聯盟贊同這一主張，「為了促進歡樂、憐憫和長壽的素食主義的可能性」。它帶來了對道德、環境、健康，以及素食主義生活方式的人道主義優點的關注。在美國，每年約100萬人變成素食主義者。
──摘自 維基百科

世界無肉日
International Meatless Day

源起於印度的素食日，又稱「國際素食日」。1986年源自於印度的一個節日，定於每年的11月25日。當年就有超過950萬人響應該運動。

本書使用指南

店名，如為日文假名則附上羅馬拼音

料理類別
餐點素食種類

店家地址、電話、營業時間等相關資訊

以智慧手機掃描後，直接連結Google地圖上店家的所在位置。可進一步查詢交通路線。

大阪
Osaka

關　西　食　素

Kansai
Vegetarian
restaurant

大阪
Osaka

梅田
Umeda

職人的素食版味噌拉麵

みつか坊主 醸
kamoshi

拉麵

 非素　 奶蛋素　 五辛素　 純素

　　從大阪或梅田車站步行7至8分鐘，就能找到味噌拉麵專賣店「みつか坊主 醸」。在這裡可以品嘗到冠以地名，點出五款特色的素食味噌拉麵。

　　帶有溫和甜味的「VEGAN京都」，使用京都白味噌為湯底，搭配細拉麵。「VEGAN大阪」則是使用Q彈的中細麵條，以當地味噌加上新鮮的白蘿蔔泥，清爽可口。同樣使用中細麵條的「VEGAN鶴橋」，以韓國甜辣味噌和數種日本傳統味噌混合成祕制湯底，愛吃辣的人不妨一試。

麵條與味噌湯的完美結合。VEGAN京都「ビーガン京都」1230日圓。點餐時只要説明去除五辛，就會以海苔代替五辛類。

「VEGAN東海」以中細麵佐以愛知縣紅味噌製作的湯頭，別有一番風味。最後一個則是「VEGAN野菜」拉麵，以京都白味噌配合多種蔬菜熬製的濃湯加上中細麵，蔬香瀰漫，適口益飲。根據季節的變化，蔬菜的種類也會稍有不同。

藉由種類多樣的味噌和麵條，變化出各有特色的美味，吃完拉麵後，湯清味醇的美味讓人難以忘懷，令人忍不住懷疑這真的只用植物熬製而成的高湯嗎？入口爽滑的麵條，想必也同樣讚不絕口，滯留大阪期間多去幾次也不為過。日本的拉麵文化中有一種常見的吃法，若食量較大，可以試試。將拉麵的麵條全部吃淨後，點一份米飯，放入餘下的味噌湯中作成泡飯，吸飽湯汁的米粒鹹香軟滑，令人垂涎欲滴。部分拉麵佐料使用了蔥白和燻烤過的蔥，點餐時可先與店員確認是否含有五辛，可去除五辛並且以海苔代替。

1 全場禁菸的拉麵店吸引了不少女性客人。
2 重建的大阪車站廣場也是不錯的景點。

 DATA

地址｜大阪府大阪市北區大淀南1-2-16
電話｜06-6442-1005
公休｜週一、國定假日
信用卡｜可
營業時間｜週一～週六 11:30～14:30、18:30～23:00
日假11:30～14:30、17:30～22:00
https://mitsukabose.com/

夜晚亦提供定食的自然食咖啡廳

natural kitchenめだか2号店

自然食／日式料理

🍳 非素　🍳 奶蛋素　🍳 五辛素　🍳 純素

　　在世界屈指可數的肉食之城——大阪，卻有一家製作自然食與素食便當的公司，在二十二年前就開始經營一家素食咖啡廳「natural kitchenめだか2号店」。店名中的めだか是一種常見於田野間，身長僅3、4公分的青鱂魚，又稱為稻田魚。孩子們就如同小小的青鱂魚一般，讓他們能夠生活在乾淨友善的環境裡，正是該企業理念的主旨。

　　natural kitchenめだか2号店除了多項蔬食套餐，亦提供無五辛的「炸車麩和素炸物定食」。其中每日套餐「本日の日替わりメニュー」，只需向店員說明即可去除五辛，不需要提前預約。其他維根料理則有不使用柴魚高湯也不含麩質的玄米湯麵，炸車麩和素炸物的めだか咖哩等。

1 米飯+味噌湯+配菜的組合，構成了日本傳統的定食套餐。炸車麩和炸物定食「車麩カツとべじからあげ定食」午餐1180日圓，晚餐1420日圓。**2** 炸車麩和炸物是日本素食者最喜歡的配菜之一。

1 店內氛圍溫馨明亮，深受歡迎。 2 晚餐時段只要另加580日圓，就可以享用吃到飽的沙拉吧。

炸車麩是廣受日本素食者喜愛的菜品之一。雖然近年流行的蔬菜漢堡和素食拉麵吸引了大量人氣，但是米飯、味噌湯加上各式小菜組合而成的傳統和食料理，更能讓人感受回歸故鄉的輕鬆感。對於海外旅客來說，更是體驗日本傳統定食文化的一大良機。

大阪的素食餐廳大多都在傍晚5點或6點時關店，natural kitchen めだか2号店則是少有的營業至晚上9點半的素食餐廳，因此可以盡興遊玩，不用緊張錯過餐廳的用餐時段。地理位置也十分友善，距離地下鐵堺筋線的扇町站步行7分鐘，或JR大阪環狀線的天滿站步行10分鐘即可到達。

DATA

地址｜大阪市北區兎我野町3-20 雁木ビル1F
電話｜06-6364-7108
公休｜年末年初
信用卡｜可（單筆3000日圓以上）
營業時間｜11：00～21：30（L.O. 21：00）
https://shin-medaka.com/

享受道地大阪燒和串燒的素食酒吧

あじゅ

A-ju

居酒屋

五辛素　　　　純素

　　最近車站為中崎町車站，若是從梅田車站步行也只要10分鐘即可到達あじゅ素食酒吧，絕佳的地理位置是大阪旅行中十分方便的小憩之處。菜單中無五辛的選項之多，對華人素食者來說簡直就是天堂。雖說是素食酒吧，但依然可以體驗日本居酒屋獨有的魅力。

　　2008年開店時就以蔬食料理為主，但也提供一般餐廳常見的肉類、海鮮料理。因為素食客人的到訪，促使店家開始進行素食菜色的研究。隨著素食菜單的開發，素食客人也日益增長，逐漸轉變成今日的あじゅ素食酒吧。值得一提的是，店主並不是素食者，因此他自信的肯定道「正因為自己不是素食者，所以能作出非素食者也能讚不絕口的素食料理。」

1 口味道地，滋味濃厚的「素雞串燒」。 2 使用大豆素肉，厚實美味的道地大阪燒。

1 店內售有各式各樣的素食零嘴、即食料理等,很適合作為伴手禮。

　　あじゅ素食酒吧的招牌料理為大阪燒和串燒,兩種都是日本居酒屋不可或缺的必備料理,更是到訪大阪不可不吃的當地小吃。濃厚豐美的味道,確實是非素食者的店主才能作出的獨特美味,若是有這兩道當下酒菜,更是讓好酒者杯不離手。口味清淡的客人,可以在點餐時拜託店家調整。除此之外,還有炸雞塊、香煎鮭魚、披薩、義大利麵、甜點等各種素食選項,豐富菜色正是這裡人氣不墜的祕訣之一。

　　店內空間小巧,氣氛舒適雅緻。由於能夠容納與接待的人數不多,加上有時只有店主一人獨自撐全場,為了能在あじゅ享受更多的樂趣,多人前去的場合下最好提前預約。此外,日本的居酒屋或酒吧都有一個「至少點一杯」的不成文小規矩,包含無酒精飲品在內,即使是不能飲酒的朋友也無需擔心。

　　店內還陳列著許多素食食材和零嘴,十分適合作為伴手禮,離店別忘了逛逛,說不定會有有趣的發現喔!

DATA

地址｜大阪府大阪市北區中崎1-10-14
電話｜06-6375-7791
公休｜週一、週二、週三
信用卡｜不可
營業時間｜11:45～15:00、17:30～22:00
http://a-ju.org/

04

大阪魂的特色料理大匯集

日本食レストラン 祭

日式料理

 非素　　 五辛素　　 純素

　　提到大阪美食，想必腦海中就會浮現大阪燒、章魚燒、炸串等特色美食吧！而這家位於野田車站，距離環球影城只需三站的日本料理餐廳「祭」，則是可以一舉吃遍大阪靈魂美食，曾經在素食觀光客中引起熱議話題的人氣店家。

　　距今一年前，店主知道了素食者來到日本旅行時用餐不便的現狀。那麼，素食觀光客到底想吃些什麼呢？在飲食方面又需要注意些什麼？於是帶著這樣的疑問開始進行詳細的素食大調查，期間還帶著主廚一同前去台灣，作了現地考察研究。

[1] 新鮮食材薄薄裹上一層粉的炸串，搭配香濃醬料十分下酒。 [2] 使用自製醬料對應純素需求的章魚燒，是來點必點的小吃。 [3] 包括大阪燒，可以一次嘗遍大阪的靈魂美食！

1 店內備有種類繁多的素食食品區，可挑選作為伴手禮。人氣商品是純素食的「東京あられ」米果。**2** 日本居酒屋氛圍的祭，位於JR野田站步行五分鐘，距離環球影城僅三站，安排行程十分便利。

調查得到了不錯的成果，祭開始認真研究素食料理菜色。得知大多數的華人素食者不能食用五辛的店主，也積極以純素為基礎開發了無五辛的新菜單。不僅如此，為了避免食材與廚具混雜沾染到葷食，細心周到的祭特地為素食客人準備了烹飪素食料理專用的廚具和食用油等。

菜單種類豐富到令人驚嘆的地步，基本上網羅了所有大阪必吃的料理：章魚燒、大阪燒、炸串、拉麵、壽喜燒等，可以說日本最具代表性的菜色都能在此嘗到。其中最具人氣的果然還是章魚燒和大阪燒，一般醬料都含有五辛中的洋蔥，於是祭開發了獨家的素醬料，連美乃滋也是自製的純素版。料理中大量使用了蒟蒻與菌菇類，使口感和味道更上一層樓。

非素方面的一般菜色也非常的豐盛，提供壽司、生魚片拼盤等日本料理，無論吃不吃素都能一起愉快地用餐，前去環球影城遊玩時，順路前往日本食レストラン 祭，一品大阪特色美食吧！

DATA

地址｜大阪府大阪市福島區吉野3-27-17
電話｜06-6940-6633
公休｜無
信用卡｜可
營業時間｜11:00～14:00、17:00～24:00
http://three-peace-matsuri.com/

使用自家栽培精品蔬菜的隱密餐廳

ORIBIO Cafe Dining

日式料理／西式料理

奶蛋素　　純素

　　從梅田車站乘坐電車約30分鐘，來到遠離城市喧囂的吹田市，這裡隱藏著一家鮮為人知的素食餐廳。十年前，店主為了給孩子們提供一個可以學習農業知識的體驗課堂，因而產生了經營這家餐廳的契機。抱持著「人的健康來自腸內環境」理念的店主，使用微生物發酵肥料的「EM農法」栽培自家蔬果。在開展農業體驗課堂數年後，才慢慢開始經營以餐飲為主的「ORIBIO Cafe Dining」。

　　ORIBIO一字截取自origin原點與bio生命，以生命的根源為基礎，追求自然的原始之味。不但使用自家栽培的無農藥新鮮蔬果，而且所有料理均不使用肉、魚、蛋、五辛、酒精，這樣的無五辛餐廳在大阪僅此一家。據說餐廳員工也都是不食五辛的純素食者。

1 使用EM農法栽培的茄子、番茄、杏鮑菇等蔬菜的「野菜壽司」，佐以有機醬油與現磨信州山葵，是集結鄉間豐收的自然美味。 2 香脆厚實，使用高野豆腐與京都三田久生腐皮，帶著滿滿豆香的素排「カツ丼」。 3 色、香、味都嘗不出素食感的炭烤風味串燒「炭火燒き風串燒き」。

1 外帶人氣商品的豆乳布丁有香草、濃厚巧克力與宇治抹茶三種口味，若是擔心現場缺貨，也可提前預約。 2 美術院校畢業的店主，在室內打造出富有自然意趣的流水造景。

　　招牌料理為「蔬菜壽司」，使用奈良縣生產的無農藥EM稻米，以大鍋炊煮，拌入日本製的有機米醋作成清爽醋飯。再加上新鮮時令蔬菜製作而成的握壽司，其美味程度稱為日本第一的素壽司也不為過。由於準備時間大約需要40分鐘，建議事先預約，以免久候。

　　幾乎吃不出是素食的「炭烤風味串燒」也極具人氣，甜中帶辣的風味十分下飯。經過炭火慢烤後的燻香和口感，與一般串燒相比可說是有過之而無不及。獨家素丼飯以鮮美多汁的高野豆腐製成炸素排，搭配豆香滿溢的軟嫩生腐皮，鮮美得口齒留香。

　　除了拉麵、烏龍麵、豆皮蛋包飯等日本特色料理，亦提供漢堡、三明治、義大利麵、時令蔬菜濃湯等西式料理與甜點，豐富多樣的菜色令人目不暇給。此外，店內也售有自製的素食調味料與冷凍食品，前去一趟不僅夠享受原味美食，說不定還能找到豐富自家餐桌的意外驚喜。

DATA

地址｜大阪府吹田市青葉丘北7青葉丘北7-2
電話｜06-6875-5878
公休｜不定休
信用卡｜可
營業時間｜11:00～22:00
https://oribiocafe.jimdo.com/

大阪
Osaka

關　西　食　素

Kansai
Vegetarian
restaurant

心斎橋
ShinSaibaShi

難波
Nanba

06

大阪必訪 世界聞名的素食餐廳

パプリカ食堂 ヴィーガン

Papurika Shokudo Vegan

日式料理／義式料理／餐酒館

 五辛素  純素

　　擁有五十種以上無五辛純素料理可供選擇的パプリカ食堂 ヴィーガン，不但是一家提供日式簡餐、義大利料理、甜點、蔬果昔的素食餐廳，更備有種類豐盛的有機紅白酒、日本酒、啤酒與雞尾酒。除了完全不使用動物性食材、化學調味料、基改食材之外，店內餐點還盡可能的選用自然栽培的無農藥蔬果，調味料也多半也是由店家手作而成。

　　來到パプリカ食堂，特別推薦日本飲食文化代表之一的「丼飯料理」。歷史可追溯到江戶時代（西元16至19世紀）的丼飯，其特徵是在比

1 鮮嫩多汁的大豆素肉＆蔬菜烤肉丼，吃得到有機食材的自然風味。**2** 大量使用自然栽培蔬果的純素夏威夷丼，是午餐時段最受歡迎的人氣餐點。

安靜小巷中的パプリカ食堂，以美味餐點吸引來自各國的素食者。

普通飯碗更大更深的大碗中，將玄米和配菜堆成小山狀。而パプリカ食堂的夏威夷純素漢堡排丼、大豆素炸雞丼、天貝蔬菜照燒丼、大豆素肉＆蔬菜烤肉丼，這四種丼飯料理尤其值得一嘗。丼飯可以單點，也能選擇加上小菜與湯品的定食組合。此外，還有素漢堡、精進蒲烤素鰻魚等多種美味的創作料理可供選擇。

一到晚餐時段，パプリカ食堂就成為熱鬧的餐酒館。在品嘗義大利麵、披薩、燉飯等義大利料理的同時，小酌一杯更顯愜意。番茄肉醬義大利麵和披薩因醬料中含有洋蔥，無法改作成純素餐，請務必注意。繽紛的甜點與聖代冰淇淋，皆不使用白砂糖與乳製品。其中以有機蔬果製作的蔬果昔，自然鮮甜還能補充大量維生素！

位於鬧區的パプリカ食堂交通便利，地理位置絕佳，從地下鐵御堂筋線心齋橋車站3號出口步行只需5分鐘，地下鐵四つ橋線四ツ橋2號出口步行更是2分鐘即可到達。這裡的蔬食料理不僅受到外國觀光客的喜愛，就連對美食頗為嚴格的大阪在地人也能感到滿足。是一家能讓普羅大眾感受到菜食美味的素食餐廳。

DATA

地址｜大阪府大阪市西區新町1-9-9 アリビオ新町1F
電話｜06-6599-9788
公休｜不定休
信用卡｜可
營業時間｜11:30～14:00、17:30～22:00
https://www.facebook.com/papurika.vegan/
http://papurikavegan.blog.fc2.com/

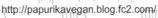

珍視顧客健康的長青素食餐廳

Green Earth

西式料理

奶蛋素　　五辛素　　純素

二十七年前的日本別說是純素，就連知道「素食」一詞的人都是少之又少。在那個無肉不歡的全盛時代，卻有一家純素咖啡廳——Green Earth，默默佇立在大阪美食街的後巷一隅。店主在心愛的人因病逝世後，下定決心要以健康飲食來保護家人和顧客，於是懷著這樣的心念開始經營這家餐廳。靠著宗教規範或熱心於健康飲食的在地素食者們的支持，不斷努力度過艱難時代的Green Earth，終於在匯聚世界各地潮流的大阪，成為海內外素食客人首選的熱門餐廳。

1 濃厚紮實的BBQ大豆素肉熱狗堡「バーベキュードッグ」750日圓。 2 無五辛的純素西洋芹青醬義大利麵「セロリのジェノヴェーゼパスタ」750日圓，清香滑順。 3 以有機米麴發酵的甘酒作為甜味，加上豆乳與椰漿製成的人氣推薦甜點——豆乳冰淇淋「豆乳アイスクリーム」400日圓。

1 自開店就標示有無五辛的菜單，是Green Earth最大的特色，天氣晴朗時不妨在室外愜意用餐。

　　從大阪市營地下鐵御堂筋本町站15號出口，徒步5分鐘即可輕鬆到達的 Green Earth。常備菜單以西餐為中心，涵蓋了義大利麵、披薩、咖哩、三明治、熱狗、沙拉，以及甜品和各式飲品。特別值得一提的是，菜單中所有無五辛的料理都有明確的標識。一眼就能從眾多菜色中識別出無五辛的純素選項，在點餐時實在是一大快事。每日套餐也時常出現純素菜色，點餐時不妨向店員確認。

　　本書刊載的料理有西洋芹青醬義大利麵750日圓、BBQ大豆素肉熱狗堡750日圓、豆乳冰淇淋400日圓。與一般素食餐廳相較之下十分划算的價格，令筆者不知不覺就多點了兩道菜。除此之外還有豆乳芝士、酪梨、大豆素香腸等種類豐富的三明治、椰子風味的菠菜咖哩、和風義大利麵等，即使頻繁來訪也可以愉快地享用到各式料理。多人聚餐需要預約，當然也可以事前要求無五辛的料理。擁有如家一般溫暖的氛圍，讓人不由得身心放鬆的Green Earth，是旅途中緩解疲憊的好去處。

 DATA

地址｜大阪市中央區北久宝寺町4-2-2 久宝ビル1F
電話｜06-6251-1245
公休｜週日．國定假日
信用卡｜不可
營業時間｜週一～週四、週六 11:30～17:00（L.O.16:30）
週五11:30～15:00（L.O.14:30）、18:00～22:00
（L.O.21:00）
http://osaka-vegetarian-ge.com/index.htm

香飄四方的無五辛北印度創作料理店

菜食インドレストランSHAMA
Vegetarian Indian Restaurant SHAMA

印度料理／無國界料理

 奶蛋素　 純素

　　位於熱鬧市區的菜食印度餐廳「Shama」，從地下鐵四ツ橋線四ツ橋站6號出口步行2分鐘，或從地下鐵御堂筋線心齋橋站7號出口步行7分鐘即可到達。由一位擁有三十多年料理經歷的印度主廚掌勺，提供道地的北印度＆創意香料料理。值得一提的是，這是一家在大阪非常少見，全部菜單都不含五辛的餐廳，僅一小部分料理為蛋奶素，其餘皆是純素。若有純素需求，點餐時別忘了向店員說明。

1 可以吃到四種咖哩風味與多樣配菜的塔利套餐「Thali lunch」1640日圓，豐盛又超值。2 店內繪著充滿印度風情的愛神Krishna。

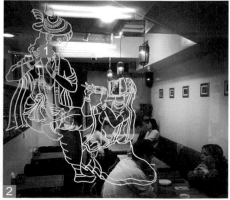

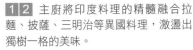

1 2 主廚將印度料理的精髓融合拉麵、披薩、三明治等異國料理，激盪出獨樹一格的美味。

　　無論午餐還是晚餐時段都推薦選擇套餐，豐盛的組合加上超值價格，CP值非常高。喜愛咖哩的朋友不妨選擇塔利套餐，配有四種咖哩、一道炸物或坦都料理、今日湯品、豆芽沙拉、印度烤餅、玄米飯、優酪、今日甜點，以及三選一的特色飲料：路易波斯茶、無咖啡因奶茶、拉西酪乳，如此多樣的菜色只需1640日圓！

　　提到印度料理，就會想到現烤出爐的道地印度烤餅Naan。烘烤得恰到好處的誘人金黃色外皮薄脆可口，微微膨脹的鬆軟帶著些微嚼勁的口感，不禁讓人幸福地沉浸於麥香之中。經典原味的Naan搭配店內多達16種口味的咖哩，無論是單點還是組合套餐都能滿足，喜好濃重口味不妨選搭起司Naan。而加入果乾的Muglai Naan帶著一絲香甜，深受女性歡迎。此外，Shama還有令人意外的驚喜之處，結合印度料理風味的拉麵、披薩、三明治等多種創作料理，最適合想要嘗鮮，或不太習慣大量香料的訪客。

DATA

地址｜大阪府大阪市西區北堀江1-3-7 倉商ビル B1
電話｜06-6536-6669
公休｜週一晚間
信用卡｜可
營業時間｜11:00～15:00、17:00～22:00
https://indoshama.jimdo.com/

心齋橋徒步三分鐘的和洋風人氣餐廳

3te' cafe

西式料理

 非素　 奶蛋素　 五辛素　 純素

　　「為了世界的女性健康」以此為主要理念的3te' cafe，店名的3te' 發音為「Sante」，在法語中正是「健康」之意。在大阪最大最繁華商業街區心齋橋站，自7號出口徒步3分鐘即達3te' cafe餐廳。雖然位於觀光熱點的絕佳地理位置，但由於餐廳是在二樓，一不小心就會走過頭，建議前往時預留數分鐘尋找餐廳的時間。

1 香濃的素肉燥咖哩奶汁烤菜，熱燙的焗烤料理總是令人胃口大開。2 山藥豆腐和南瓜調製出香濃淋醬，加上大量鮮蔬的維根蛋包飯。

 佐以照燒淋醬的夏威夷漢堡丼飯，點綴著色彩鮮亮的蔬果。

2 分量十足的醬汁豆腐漢堡＆蔬果拼盤套餐，保證暢玩一整天的活力。

　　從內在、外在與精神面支援女性健康美的3te' cafe，不但由專門的蔬菜營養師設計有助於從體內而外變美的菜單，更嚴選四國與阿蘇的季節性新鮮蔬果。而素食者不可少的豆腐製品，則是來自充滿歷史氣息的福井縣永平寺町，使用靈峰白山清泉名水的「幸家」豆腐。藉由高品質食材，打造出讓客人獲得滿滿元氣的蔬果料理。

　　基本上以西式料理為主的菜色，卻結合了日式調味，獨特的和洋風味也是3te' cafe的魅力之一。「為了能讓更多人享受到美食的樂趣」，因此在店家的堅持下，所有素食料理只需告知即可去除五辛。人氣料理是山藥豆腐與南瓜醬調理而成的維根蛋包飯。這道料理是為了本書特別開發的新料理，由於透過社群SNS的素食問卷調查得知，關西可以吃到維根蛋包飯的餐廳較少，因而在眾人期望中誕生了這道蛋包飯。夏威夷照燒漢堡丼飯和素肉燥咖哩奶汁烤菜也是不容錯過的招牌菜，濃稠奶酪加上清脆蓮藕的組合令人印象深刻。

DATA

地址｜大阪府大阪市中央區西心斎橋1-10-17 心斎橋ポポロビル2F
電話｜06-6243-5766
公休｜週一
信用卡｜可
營業時間｜週二～週日 11:30～16:00、
18:00～22:00，週一12:00～15:00、18:00～21:00
http://3tecafe.com

好吃又好玩！大阪特色美食章魚燒DIY體驗店
Self Tacoyaki bar IDUCO

章魚燒

 非素　 奶蛋素　 五辛素　 純素

在大阪，輕而易舉就能找到上百家的章魚燒店，但是想要找素章魚燒卻沒那麼容易。Self Tacoyaki bar IDUCO不僅提供素章魚燒，還能在此體驗到自製章魚燒的樂趣，因此成為外國觀光客的熱門首選。位於大阪地標通天閣和新世界附近的IDUCO，交通十分便利，從地下鐵動物園前站或是JR新今宮站下車徒步1分鐘即可到達，安排行程時不妨順道一嘗。

製作章魚燒的麵糊中，通常會使用麵粉、柴魚高湯、蔥與雞蛋，但IDUCO的素章魚燒僅使用由植物性食材熬製的高湯，以香菇代替章魚，甚至也不加入雞蛋。章魚燒一份16個，維根燒1000日圓，加蛋的蔬食燒800日圓。點餐時只要向店員說明，即可去除最後灑上的蔥花等五辛配料。一份兩人分享剛剛好，由於十分美味，說不定一個人也能吃完一份呢！

1 高難度的翻面動作，就請章魚燒職人店員來幫忙製作吧！2 淋上素美乃滋和青海苔粉的章魚燒，看著就令人食指大動。3 小小的店面總是洋溢著輕鬆自在的居酒屋氛圍。

章魚燒製作方法

1.先將麵糊倒入模具中。
2.將香菇等配料平均放入每一個模型的麵糊中。
3.以竹籤將模具外的麵皮收入模型中。
4.以竹籤將半圓狀的章魚燒翻面。
5.來回翻面滾體，使章魚燒成為丸子狀。
6.待章魚燒表面呈微焦的金黃色即完成。

　　點餐結帳之後，店員便會帶著準備好的章魚燒的食材登場，章魚燒的鐵盤熱至適當溫度後，正式開始製作！雖然說是自己動手作，但店員也會在一旁幫忙，即使不擅烹飪的朋友亦可安心。烤好的章魚燒會放入稱為「船」的紙盒中，再依個人喜好加上調味料即可開動。麵糊本身已帶有些許調味，什麼都不加的原味章魚燒也不錯。大阪人常用的章魚燒專用醬汁中含有動物性食材和洋蔥，但是若想增添風味，店內也備有素美乃滋和青海苔粉，淋上美乃滋再撒上海苔粉，就是一般常見的章魚燒啦！剛出鍋的章魚燒香熱燙口，記得輕輕吹涼再食用。

　　不設座位的小巧IDUCO是日本獨有的立食文化形式，需要站著品嘗現作美食，緊湊的空間適合1～3人前來用餐。但是正如店名中的Self Tacoyaki bar，最大的樂趣除了親自動手體驗，還能享受與店家或其他常客、外國遊客隨意聊天的酒吧氛圍。一邊品嘗著大阪自古以來的特色小吃，在輕鬆和諧的氣氛中褪去一天的疲憊吧！

 DATA

地址｜大阪府大阪市西成區太子1-3-20
電話｜090-4303-1730
公休｜不定休
信用卡｜不可
營業時間｜週六～週三 17:00～24:00，
週四～週五17:00～01:00
https://www.facebook.com/barIDUCO/

師事台灣素食界廚神洪銀龍的純素餐廳

法華素食餐廳 大阪分店

台灣料理／日式料理

 純素

法華素食餐廳位於大阪最有人氣的商業鬧區道頓堀。這家餐廳可說是台北素食老店「法華素食餐廳」的分店，由素食界的廚神——洪銀龍師傅親自傳授道地的台灣素食，無論是味道還是服務均有保證。

如今身為日本健康素食學術協會 大阪代表的店主寄田氏，與素食相遇在三年前。那時來到台灣旅行的寄田先生，為品嘗到的素食美味

1 2 3 4 口味道地的炒米粉、肉圓、刈包和滷肉飯，都是正宗經典的台灣風味素食。

精緻美麗的懷石風套餐,包含主
菜、米飯、各式菜肴與飲料。

深深感動。回到日本後,在素食影響身心靈的健康理念影響之下,進而潛心研究素
食世界。開始吃素的寄田先生,感受到素食者在日本外食的不便與痛苦。為了提供
像自己一樣的素食者能有更多選擇,於是在兩年前決定籌劃經營一家餐廳。

　　此後,他每個月都前往台北拜訪法華素食餐廳,在多次奪得美食比賽金牌的洪
銀龍師傅身邊修行廚藝。經過兩年的艱苦培訓,終於得到素食界廚神洪銀龍師傅的
許可,「法華素食餐廳 大阪分店」也順利在2019年9月正式開業。傳承自台灣的無
五辛純素,結合日本家庭料理,展現出獨特的東洋精進料理風格。

　　素食者在這裡可以放心的享用美食,全部料理均為維根且無五辛。單點菜品
主打台灣美食,例如:台灣刈包、素肉圓、素滷肉飯等經典小吃。套餐為2500日圓
起,有中式料理的法華套餐以及店主推薦的懷石風套餐(需於4天前預約),選用精
美的漆器「重箱」作為餐具,裡面分格盛放當季新鮮食材。除了內用,亦可外帶回
飯店當成晚餐,或是第二天的早餐。若時間充裕,不妨在屋頂的露台一邊欣賞道頓
堀的特色街景,一邊品嘗精心製作的美食,度過輕鬆的夜晚。

 DATA

地址|大阪府大阪市中央區道頓堀1-16
　　　Y'sピア道頓堀並木座ビル4F
電話|072-349-7800
公休|週一、週二
信用卡|不可
營業時間|18:00～22:00
https://fahua-osaka.com/

京都 Kyoto

關 西 食 素

KanSai
Vegetarian
restaurant

京都駅
kyoto

五条
Gojo

四条烏丸
Shijokarasuma

交通中樞京都站前的日式平民食堂

VEGE DELIかんな

日式料理

 純素

　　京都塔位於京都站正前方，直接連結JR京都車站與地下鐵的絕佳地理位置，無論停留吃飯休息或中轉都十分便利。地下一樓的美食廣場擁有琳琅滿目的各種餐廳，與親朋好友一同前來也能隨意選擇各自喜好的料理，毫無壓力地聚在同一個餐桌用餐。其中還有一家素食食堂「VEGE DELIかんな」，美食廣場內的素食餐廳可說是非常少見，店內的料理均不使用動物性原料、化學調料，甚至還提供去無五辛的選項，讓素食者也能愉快地享用的日本平民料理。

1 維根油豆腐烏龍麵 800日圓，使用清爽好味的蔬菜湯底。2 「微醺套餐A」890日圓。

1 備有各式各樣單點的下酒菜小菜。 **2** VEGE DELIかんな明亮的黃色店面十分引人矚目，上方的 Vegetarian shokudo清楚點出餐廳訴求。

　　拉麵、咖哩、烏龍麵可說是日式平民料理的三大經典，在VEGE DELIかんな最有人氣的則是維根醬油拉麵、維根味噌拉麵以及油豆腐烏龍麵。不管哪一款拉麵都是使用細麵和京都風味蔬菜熬制的清湯，除了素食者，也很推薦在意熱量或想要瘦身的朋友。這裡還有咖哩烏龍麵丼飯（咖哩烏龍麵下面疊放米飯）這種少見的料理。可以喝酒的朋友不妨嘗試混搭日式與西式小菜的微醺套餐，單點小菜包括各式小吃、韓式涼菜、沙拉等種類多樣，豐富的蔬果量可以說是旅途中的維生素補充站。

　　提供各種觀光旅遊資訊的京都塔，塔頂的展望台本身就是熱門的觀光景點。一樓匯聚了了許多京都著名的各式點心和伴手禮，二樓是各種傳統工藝的體驗工房，三樓是關西旅遊訊息服務中心。地下B3則是早上七點開始營業到晚上十點的YUU大浴場，可以一洗旅途中的疲憊。附近還有京都代表咖啡製造商——小川咖啡的直營咖啡廳，提供豆乳、BONSOY牛奶、杏仁奶等植物性飲料。內用外帶皆可，不妨一試。

DATA

地址｜京都府京都市下京區烏丸通七条下る東塩小路町721-1 京都タワー B1F
電話｜075-353-2399
公休｜無
信用卡｜可
營業時間｜11:00～23:00
https://vege-kanna.jimdo.com/
https://www.kyoto-tower-sando.jp/shop/index/115

前往友人家作客般的古民家餐廳

オーガニックハウス Salute

Organic house Salute

和洋料理

 五辛素　　純素

　　從京都站步行5分鐘即可到達「オーガニックハウス Salute」，是京都人氣有機義大利餐廳「Da Maeda」的姐妹店。古民家改造的建築充滿昭和時代的懷舊感，備有普通的桌椅與深具日本特色的矮桌，打造出家庭式餐廳的氛圍。外觀猶如一般民宅，客源基本上靠口耳相傳，當地常客與外國遊客參半，輕鬆的氣氛無論是誰都能隨意來訪。

1 可搭配五種調味料食用的蒸蔬菜定食「蒸し野菜定食」，含時令湯品與玄米飯1500日圓。**2** 使用稗製作，少見的雜糧漢堡「ひえバーガー」1500日圓。

1 Salute名物，不使用蛋奶的無麩質蛋糕。推薦使用京都自產有機抹茶的大理石抹茶蛋糕450日圓。2 充滿古民家風情的木造建築與桌椅。

　　Salute的料理為和洋混搭的菜色為主。食材的基本料理通常不使用五辛，因此點餐時知會店員，即可靈活應對去五辛的需求。招牌料理是稗漢堡，附有沙拉與湯品的套餐為1500日圓。一般說起素食漢堡，就會聯想到由大豆製成的素肉排。Salute卻不走尋常路，而是使用稗來代替大豆，加上特製的塔塔醬，獨特的風味不禁讓人聯想到魚漢堡。漢堡之外也很推薦蒸蔬菜定食，主食可從酵素玄米飯、酵素玄米飯糰及天然酵母麵包三選一。新鮮蔬菜的自然甘甜配合橄欖油、鹽、美乃滋、番茄醬與當店自製醬汁五種調味料食用，享受不同變化帶來的驚喜。

　　Salute的甜點也十分知名，甚至設立了網路商店方便遠方客人購買。隨季節推出各式口味，包括自然食的鹽味焦糖堅果塔，無麩質的莓果塔、生巧克力塔、大理石巧克力塔、大理石抹茶塔、半熟起司塔等色彩繽紛的切片蛋糕。餐後不妨加點一塊蛋糕，作為旅途中的犒賞自己的小禮物。店內還有食品販售區，售有素食杯麵等，順便逛逛一探伴手禮也不錯！

DATA

地址｜京都府京都市下京區東塩小路町6000-31
電話｜075-341-3737
公休｜週二～週四
信用卡｜可
營業時間｜11:30～14:30、17:00～18:45
http://da-maeda.shop-pro.jp/?mode=f12

享受鴨川風情的舒適蔬食咖啡廳

Veg Out

咖啡館輕食

🍳 五辛素　　🍳 純素

　　從七条車站出來，隔著鴨川就能看見對岸顯眼的黃色建築，地理位置優越的Veg Out，步行至京都車站只需10分鐘左右，不僅靠近京都國立博物館和三十三間堂，附近還有許多飯店與民宿。從早上8點開始營業的素食咖啡廳可說是少之又少，因此在海外觀光客中十分有人氣。鴨川清澈平靜的水面上時常有水鳥優雅地划水嬉戲，臨窗便能將河川美景盡收眼底，如此治癒的開闊感，令人忍不住想起加利福尼亞的Vegan café。

　　所謂的Veg Out，意為悠閒度過時光——Veg Out-vegan café。如同植物一般放鬆，忘記時間的存在，並將自己的身體交付給大自然。這間由TAMISA

1 每日變換各式京都傳統小菜的「OBANZAI Assorted Plate」1500日圓。 2 去五辛的純素「BUDDHA BOWL」1000日圓。 3 點心櫃裡引人佇足的蛋糕和馬芬。

1 明亮且開放感十足的店內空間。**2** 鴨川美景盡收眼底的臨窗席位，平靜流淌的河川十分療癒身心。**3** 秤重販售的各式有機果乾與堅果。

瑜珈工作室經營的咖啡廳，秉持著重視自然的理念，所有食材都是不使用農藥及化學肥料的純天然蔬果。藉由主張為了身心靈健康、為了動物、為了保護環境的Vegan飲食，向所有客人傳遞美味、健康與幸福的責任。

人氣招牌是OBANZAI拼盤，以當季蔬菜作成每日不同的9種小菜，附有玄米飯，盛放料理的盤子如畫作般美麗。無需預約也可去五辛的沙拉丼飯BUDDHA BOWL，色彩繽紛誘人，豐富多樣的蔬菜分量十足。通常使用大豆素肉製成的炸物，亦可知會店員更換成天貝，精心調味讓人不自覺吃的是素食料理。木碗邊上隨意塗抹的豆乳美乃滋也十分具有藝術感。午間套餐加200日圓即附咖啡。晚餐為單點形式，提供前菜、沙拉、主菜、飯類等選擇，其中豆乳素培根蛋麵可以去五辛。

此外，這裡也有各式裸食蛋糕，方便帶在身邊的馬芬等小點心，和非常有人氣的蔬果昔等飲品。對素食者而言，在旅行途中想要購買零食與點心的選擇性較少，而Veg Out也有各式有機堅果和乾果等零食可供自助選購，可以作為京都之旅的隨身能量補充包！

DATA

地址｜京都府京都市下京區七条通加茂川筋西入ル稲荷町448
電話｜075-748-1124
公休｜週一
信用卡｜可
營業時間｜早餐8:00～11:00、午餐&下午茶
12:00～17:00、晚餐18:00～20:00
http://vegout.jp/

比鄰京都老街的日式傳統旅館
なごみ旅館 悠

日式料理／旅館

 非素　 奶蛋素　 五辛素　 純素

　　距離京都站徒步10分鐘、五条站5分鐘的なごみ旅館 悠，由傳統木造町家翻修改造而成，饒富京都町家風情。雖然地處觀光熱門區卻意外的安靜宜人。比鄰京都六條老街，置身於日式傳統中，可以體驗昭和三十年代日本庶民的普通生活。據說なごみ旅館 悠是由京都醬菜店改建而成，混入茶葉的土牆通透性良好，還有專業老職人為旅館量身打造的天井，是個「會呼吸的住宅」

　　房型皆為日式榻榻米，分為共用衛浴的客房與附設衛浴的套房，一人入住套房5800日圓起，非常划算。館內毛巾、浴巾需另外付費（100日圓），Wi-Fi、吹風機、茶、空調等設備

1 維根早餐可依需求去五辛。 2 胡麻豆腐、生麩田樂、蒟蒻素排等精進料理。

1 充滿日式風情的餐廳入口。**2** 昭和初期建造，已有80多年歷史的京都傳統町家木造建築。

齊全，鬆軟舒適被褥床鋪都非常乾淨。旅館十分注重客人隱私、安全性極高，即使女性一人出行也無需擔心。若想泡湯，推薦前往旅館附近的天然地下水錢湯「白山湯 六条店」，只要430日幣就能體驗日本的澡堂文化，藉由各式冷熱浴池洗去旅行的疲憊。

　　旅館內的「Cafe Barの輪」提供素食餐點，純素料理無論是早、午、晚餐都需要事前預約。預約早餐時店家會提供菜單表格，只需選擇適合自己的料理即可，當然也可以去五辛，十分便利。早上8點開始供應早餐，維根日式套餐2300日圓（房客優惠2000日圓），西式套餐1500日圓，兩者均附現煮咖啡與甜點。一邊享受美味早餐，一邊透過大片落地窗欣賞日式庭園，一日行程就從清早的品味優雅開始。

　　凡是下楊旅館的房客享用午餐、晚餐都可以擁有9折優惠，除了輕食之外，天婦羅套餐、京風豆皮涮涮鍋套餐均為京都當地特色料理。生麩田樂、胡麻豆腐、紅蒟蒻素排等則是體驗精進料理的敲門磚。旅館附近還有生麩製造公司的直營店鋪，可以前去品嘗京都名產與精進料理中常用的這項食材，新鮮的生麩其實格外美味。旅館還有和服出租服務，和櫃臺申請即可體驗穿著傳統和服漫步京都町街的樂趣。

 DATA

地址｜京都府京都市下京區若宮通六条西入上若宮町94
電話｜075-342-2123
公休｜無
信用卡｜可
營業時間｜入住16:00～　退房～11:00
http://www.nagomi-yu.com/

16

旅途中價格親民＆攜帶方便的日式傳統餐點

まんぷくおにぎり米都

飯糰／輕食

 非素　 奶蛋素　 五辛素　 純素

1 飽滿分量足的紅紫蘇飯糰與梅干飯糰。**2** 岩海苔飯糰155日圓，微辣高菜175日圓。

　　飯糰不僅攜帶方便而且價格親民，因此受到許多外國遊客的歡迎。位於四条河原町附近的まんぷくおにぎり米都四条寺町店，從四条町往南走120公尺就能在寺町通沿路找到。其他還有銀閣寺附近的北白川本店、平等寺的鳥丸高辻店以及京都造形大學店（希望館內），共四家店面。

　　まんぷくおにぎり米都的飯糰，選用京都丹波產的越光米，分為白米、糙米兩種，香甜鮮美且分量十足。一個135g的飯糰只需115日圓，就連當地居民也是有口皆碑，提前預約還可以調整飯糰大小。推薦口味有紅紫蘇白米115日圓、梅干145日圓、鹹糙米飯糰125日圓。旅途中若是想要來點低卡路里的方便餐點，不妨帶上健康美味的米都飯糰吧！

DATA

地址｜京都府京都市下京區四条寺町下る貞安前之町622
電話｜075-352-3500
公休｜無
信用卡｜不可
營業時間｜11:00～19:00
http://www.maito.jp/index.php

17

匯集日本海內外豐富種類的有機茶館

KITTEN COMPANY

茶館輕食

 非素　 奶蛋素　 五辛素　 純素

　　從京都的五条烏丸步行1分鐘，到京都站也只要10分鐘的KITTEN COMPANY，是一家不賣咖啡，主打各式茶類、有機飲品和料理的茶館。該店前身是紅茶專門店，但是具有京都特色的日本茶、烘培茶、印度茶等其他茶種也很豐富，喜歡喝茶的朋友來到京都千萬不要錯過此店。

　　為了讓孩子們吃得安全安心，每天現烤現做的司康、馬芬和蛋糕等手工維根甜點溫暖美味。香蕉＆花生醬的披塔餅，甜度為零卻能嘗到食材本身原有的清甜。菜單裡的每個品項都明確標示了原材料，食物過敏者也可以安心享用。甜點之外也有素炸物皮塔餅、自家製香料咖哩等鹹食（以上料理含有五辛），量足味美。旅遊中經過附近時，不妨順路到店喝杯茶，吃個甜品吧！

1 甜蜜的香蕉＆花生醬披塔餅600日圓，帶有豐厚香料味道的印度茶「Chai」450日圓。**2** 巧克力蛋糕400日圓。

DATA

地址｜京都市下京區五条烏丸西入る 上諏訪町294-1
電話｜075-344-1591
公休｜週日
信用卡｜可
營業時間｜11:00～19:00
http://kittencompany.net/

百年老舖龜屋良長的輕盈流和菓子
吉村和菓子店

日式甜品／茶房

 奶蛋素　 純素

　　創立於享和三年（1803年）的「龜屋良長」，秉持著不斷推陳出新，製造良品的理念，開業至今已有200年以上的歷史。從最初就堅持品質，因此為了製作和菓子十分重要的「水」，特地將本店選址於井水清澈甘美的醒ヶ井所在地。使用京都名水製作的點心，其美味果然廣受好評。

　　「吉村和菓子店」是第八代接班人的妻子吉村由依子女士創立的新品牌，有感於生病的丈夫與育兒過程中的需求，於是開始關注生活習慣和飲食健康問題，進而踏入研發有機與健康取向的和菓子，終於

圓滾滾的可愛和菓子「美甘玉」，一盒6個810日圓。

1 寬敞舒適的茶房空間，牆上裝飾著木雕的造型點心模具。**2** 京都名水「醒ヶ井」可自行盛裝井水帶走，一品甘泉風味。

在2016年創立了新的品牌。人氣點心「美甘玉」，改良自龜屋良長創業以來的代表作菓子「烏羽玉」，不使用白砂糖，取而代之改用椰奶和椰子糖，再加上黑糖熬煮的紅豆餡製成的美甘玉，是糖尿病患者也可以放心食用的低糖質甜點。一口咬下，牛奶般的濃郁奶香與焦糖的芬芳在口中擴散開來，讓人不由得湧上一股幸福感。大量使用富含食物纖維和礦物質食材，是至今為止難得少見的健康日式點心。使用小麥粉、椰子油、楓糖漿、山核桃粉等食材烘烤的椰子餅乾是本店限定商品，不僅富含對身體健康有益的各種元素，更是酥脆美味。

　　吉村和菓子店位於龜屋良長本店深處，除了購買作為伴手禮的各式點心，也能坐在附設茶房享用美味的日式點心和抹茶，度過悠閒的下午茶時光。店內牆壁以傳統的點心模具雕版為裝飾，古樸又獨具特色。店內下午兩點有製作日式點心的體驗，參加即可獲得九折購物券。體驗費用為成人2700日圓、學生2100日圓，可以親手製作三種日式點心，事前預約還可提供中英文翻譯喔！

 DATA

地址｜京都府京都市下京區四条通油小路西入柏屋町17-19
電話｜075-221-2005
公休｜年中無休（僅休1月1‧2日）
信用卡｜可
營業時間｜09:00～18:00（茶房11:00～17:00）
吉村和菓子店 http://yoshimura-wagashiten.com/
龜屋良長 https://kameya-yoshinaga.com/

47

京都風情老屋裡的時尚服裝×維根甜點

CAFÉ M

咖啡館輕食

 五辛素　純素

　　日本選物品牌JOURNAL STANDARD經營的複合式咖啡廳CAFÉ M，座落於擁有京都之腹別稱的中京區御倉町。外觀是京都獨特的白牆黛瓦，穿過帶有歷史感的深褐色暖簾之後，映入眼簾的是整齊排列的自然素材服飾，再往裡走去便可以看見沉穩色調的咖啡坐位區，透過大片落地窗還能欣賞庭園綠意。

　　展示櫃中的蛋糕甜點精美宛如藝術品，不使用乳製品、精白糖、奶油和雞蛋的健康甜點讓人心動不已。這裡的甜點均使用澳洲知名料

1 點綴著花朵般的鳳梨乾，漢明鳥蛋糕740日圓。　2 展示櫃中精巧美麗的蛋糕。

1 窗外綠意盎然的庭園。 2 挑高天花板營造寬敞舒適的空間。 3 結合選物服飾與維根餐點，實現食與衣的自然生活。

理創作家Cherie Hausler的食譜，以免烘烤的裸食蛋糕和維根甜品為主，融入季節水果的無負擔蛋糕，其美妙滋味顛覆了以往維根甜點的印象。

　　採訪時的漢明鳥蛋糕點綴了鳳梨乾，宛如一朵盛開的小雛菊。濕潤綿密的蛋糕層次豐富，從外層的白巧克力糖霜，到內裡的鳳梨、香蕉與胡桃，每一層味覺都是一種驚喜，豐厚濃郁的美味讓人忍不住驚訝竟然是素食！其他甜點還有焦糖胡桃巧克力蛋糕、抹茶蔓越莓塔、黑巧克力塔等，只需額外加200日圓即可選擇飲品，與蛋糕組合成下午茶套餐。當店以空氣壓力機抽取烘培的自創咖啡別具一格，值得一試。店內安靜舒適適合放鬆心情，天氣晴朗時也可選擇室外席位。旅途中感到疲憊時不妨來這小憩一番，度過悠閒的下午茶時光。

DATA

地址｜京都市中京區三条通烏丸西入御倉町71-2
電話｜075-548-1050
公休｜無
信用卡｜可
營業時間｜11:00～20:00
http://mikuracho.baycrews.co.jp/

關 西 食 素

KanSai
Vegetarian
restaurant

祇園四条
Gion-Shijo

三条
Sanjo

河原町
Kawaramachi

以五感品味精緻講究的藝術美味
Café DOnG by Sfera

咖啡館輕食

　五辛素　　　純素

　　2003年，在傳統的京都祇園有一棟匯集設計、工藝、手藝、繪畫藝術、美食的文化集散中心「sfera」開幕了。而在sfera西側的綠意盎然散步小道中，有著一家舒適的咖啡廳「Café DOnG by Sfera」。擁有來自京都多家老字號名店以優質素材精心製作而成的藏品，店內裝飾著日本傳統花藝及各種藝術品。不僅有日本傳統的下凹式坐席，也有現代風格的桌椅，空間開放寬敞且充滿藝術感。

1 無麩質的烘焙蛋糕。2 完全預約制和菓子名店「嘯月」的生菓子——早晨的露水「朝のつゆ」，加自選飲品的組合為1300日圓。3 生巧克力蛋糕，切片蛋糕單點750日圓，含飲料的套餐1200日圓。
4 5 美麗如畫的免烘烤裸食生蛋糕。

1 綠意圍繞之下的寬敞空間。 2 sfera引人矚目的建築外觀，既現代又細緻。

　　提供現磨的手沖原創招牌咖啡、宇治淡茶、煎茶、焙茶等日本茶，以及鮮榨時令果汁等。這裡的甜點也盡顯細膩的藝術感。曾拿下日本口碑網票選第一名的日式點心名店嘯月，由專業職人親手製作的和菓子為完全預約制。但是在Café DOnG by Sfera無需預約等待，就能一嘗時令和菓子細膩講究的美味，還可以選擇喜歡的飲品組合成套餐。

　　日式甜點之外還可以選擇西式甜點，也是Café DOnG by Sfera的魅力之一。來自京都靜原Café Millet製作的微甜維根無麩質甜點，以無麩質的米粉取代麵粉，用米飴和龍舌蘭糖漿來代替砂糖，免烘烤的裸食蛋糕使用有機可可豆為基底，不使用蛋與乳製品，時令果物和堅果也以生鮮方式運用。店內亦提供當地新鮮蔬果製成的無麩質維根料理，不遠處就是著名的河原町，是觀光購物之餘的好去處！

DATA

地址｜京都府京都市東山區繩手通
　　　新橋上ル西側弁財天町17
電話｜075-532-1070
公休｜週三
信用卡｜可
營業時間｜11:00～19:00
http://www.ricordi-sfera.com/shops/

21

打造日日美好生活的複合式新型商場

mumokuteki cafe

咖啡館輕食／日式料理

奶蛋素　五辛素　純素

　　mumokuteki café毗鄰河原町和錦市場，正如其名稱直譯「無目的」一樣，是個可以漫無目的隨意放鬆的地方。結合了服飾、居家用品、有機食材、古董家具＆家飾與小型展場的空間，琳瑯滿目的商品說不定真的會讓人忘記原本的目的。設計簡約現代的咖啡廳位於二樓，備有悠閒舒適的沙發椅和可供多人用餐的席位，有著男女老少皆宜的輕鬆氛圍。

1 使用蒟蒻製作的味噌炸素排午間套餐。**2** 免費提供的排毒蔬果水獲得女性一致好評。**3** 濃厚美味的抹茶奶昔是本店人氣飲品。

1 咖啡廳旁的食品區可以選購素食伴手禮。**2** 寬闊富有居家感的氛圍

　　在京都府內擁有自家農田，使用自家栽培和契約農家直送蔬果是 mumokuteki café的一大特色。人氣料理是1500日圓的午間套餐，主菜有炸素雞塊、味噌炸素排、豆腐漢堡三種可選，除豆腐漢堡外皆可提供無五辛版本。通常炸素雞塊和味噌炸素排會使用大豆肉作為替代品，但mumokuteki café卻是改以蒟蒻取代。使用當天現採的新鮮食材，菜餚的香味營造出家庭的氛圍，無論口感還是味道都令人讚不絕口，米飯和味噌湯的味道也十分出色。五辛素的朋友則推薦美味和人氣都與午間套餐不相上下的豆乳拉麵。

　　甜點種類繁多，聖代、豆乳冰淇淋、鬆餅等，其中抹茶奶昔有著不錯的口碑。週末開店後很快就座無虛席，建議提早到店比較保險。如此受歡迎的mumokuteki也在2019年10月底，於距離梅田車站步行約10分鐘的中崎町開幕了大阪店，據說備有可外帶的維根便當和有機沙拉吧，對於素食觀光客又多了一個用餐的好去處！

 DATA

地址｜京都府京都市中京區式部町２６１
　　　ヒューマンフォーラム本社ビル2F
電話｜075-213-7733
公休｜週三
信用卡｜不可
營業時間｜11:30～20:00
https://mumokuteki.com/

融合北海道濃厚美味的京風炎神

京極拉麵 京都炎神

拉麵

 非素　 奶蛋素　五辛素　 純素

　　2018年6月開店的「京極拉麵 京都炎神」，是一間旅行點評網站也強烈推薦的人氣拉麵餐廳，本店則是位於北海道的拉麵名店「札幌炎神」。入店之後要先在售券機上選購拉麵品項，再進店就座，店內空間與普通的日式拉麵店相比顯得簡約時尚，加上一流的熱情服務，成了京都炎神拉麵店的特色之一。雖說是一般拉麵店，但也順應世界潮流走上了追求素食拉麵極致美味的道路。只要在交給店員拉麵券時，知會「不要放五辛」即可，因為是外國遊客經常光臨打卡的人氣拉麵店，所以無需擔心語言溝通的問題。

1 可去除五辛的「極み辛味噌らーめん」 ZESTY RAMEN For VEGAN，1230日圓。 2 半透明的無麩質蒟蒻麵，口感彈牙滑順。 3 嘗試一下拉麵湯泡飯吧！白飯半份100日圓、一份200日圓。

即使位於拉麵激戰區，依然獲得在地人與外國遊客的熱烈好評。

這裡提供的蔬食拉麵有兩種，只要知會店員皆可去五辛。結合多種豆製品美味的豆系拉麵「絕品濃厚豆乳拉麵 KYOTO Beaening VEGETARIAN RAMEN」，由毛豆、豆子高湯、豆乳奶油，以及豆麵組成。另一種美味過癮讓人回味無窮的「極辛拉麵ZESTY RAMEN For VEGAN」，含有土佐山椒、花山椒、島胡椒、胡椒等九種辛香料，濃厚的湯頭帶著多種辛香料激盪出的豐富層次，嗜辣之人千萬不要錯過。

若是當日還有許多美食行程等待品嘗，可以選擇好消化的無麩質蒟蒻麵條，爽口彈牙的滑溜感與辛辣味噌湯底簡直是天作之合。正常拉麵亦是少見的寬版麵條，由昭和六年創立的麵屋棣鄂製作而成。食量較大的旅客，不妨在吃完麵後加點半份或一份白飯，體驗道地的日式吃法──拉麵湯泡飯。餐廳附近就是熱門購物商店街新京極，三条京阪步行8分鐘，河原町三条也只要步行5分鐘即達。或者前往附近的鴨川，迎著微風散步消食，享受片刻的悠閒時光。

DATA

地址｜京都府京都市中京區松が枝町452-1
電話｜075-744-1241
公休｜無
信用卡｜不可
營業時間｜週一～週五11:30～15:30
、17:00～22:00，六日假11:30～22:00
http://n35engine.com/

世界級人氣拉麵店的無五辛素食拉麵

一風堂 錦小路店

拉麵

 非素　 奶蛋素　 五辛素　 純素

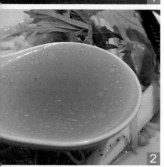

　　1985年在福岡開業的一風堂，至2019年3月為止分店已遍布全球13個國家，之所以成為廣受世界各國人士喜愛的日本拉麵店，理由只有一個「秉持服務至上之心」，盡全力滿足客人的需求，以最美的笑顏傳遞喜悅。於是，店鋪限定的錦小路店純素拉麵就這樣誕生了。

　　各國旅行者為了一嘗道地拉麵來到日本，但東方素食者卻因為植物性五辛的飲食禁忌總是失望而歸，為了能夠滿足東方素的純素需求，錦小路店自行開發了新的拉麵。一般素食客人味喜清淡，因此店家不使用重鹹濃厚的調味料，而是在熬製高湯和配菜的搭配下足功夫。蔬菜天然的清甜，菌類的濃鮮，與辣椒的辛香配合得恰到好處。點餐時只需告知去五辛，即可準備無五辛拉麵。豐富可口的蔬菜再灑上芝麻，濃郁鮮甜的滋味在口中擴散開來，讓人食指大動。店內有會說中英文的店員，即使是語言不通的店員也會耐心的笑臉相迎。

1 豐富鮮脆的可口蔬菜。
2 拉麵湯頭鮮美可口，減鹽高湯熬出蔬菜原本的天然甜味。3 外觀。

 DATA

地址｜京都府京都市中京區東洞院錦小路東入ル阪東屋町653-1
電話｜075-213-8800
公休｜無
信用卡｜可
營業時間｜週一～週六11:00～凌晨3:00，
　　　　　日假11:00～凌晨2:00
https://www.ippudo.com/store/nishikikoji/

24

小巧可愛的京都陶器雜貨咖啡廳

いっ福 café

咖啡館輕食／無麩質甜點

🍳 五辛素　　🍳 純素

いっ福 café位於繁華新京極商店街的小巷中，鬧中取靜的位置隔離了市區喧囂，可以稍鬆口氣。可愛的木製招牌十分引人矚目，一樓擺放著許多京都燒製的精美陶器與各式雜貨，宛如小小的藝廊。秉持著「能讓身心愉悅的安心甜點」的理念，講究食材品質且不使用合成添加劑、麵粉、動物性材料、白砂糖、人工甜味劑與預拌粉。既追求美味也有益於身體健康。

加入大量抹茶的人氣甜品抹茶布丁，微苦的翠綠布丁上點綴了手作紅豆沙和豆乳奶油。自製的紅豆沙選用京都當地特產的大顆紅豆長時間熬煮，低甜度的特點爽口不膩，易於食用。控糖低脂的巧克力蛋糕，甜度低卻不失巧克力濃厚滑潤的口感，即使在意熱量，也可以在いっ福放心享用身心味覺大滿足的甜點。咖啡、紅茶和果汁等都是有機飲品，務必與甜點一起享用。所用餐具皆出自京都工房，若有中意的款式都能在店內購買，是贈送親友的伴手禮好選項。

 DATA
地址｜京都市中京區新京極四条上る中之町565-6
電話｜075-585-5100
公休｜週二、週三
信用卡｜可
營業時間｜12:30～18:00
www.you-wing.co.jp/ippukucafe

1 人氣甜點抹茶布丁。 2 搭配豆乳奶油的巧克力蛋糕，加上招牌有機咖啡的套餐只要800日圓。 3 4 一樓是小巧的陶器雜貨展示區，二樓備有寬敞的席位。

結合京都在地風味的人氣素食餐廳
AIN SOPH. Journey KYOTO

西式料理

五辛素　　　純素

2018年3月在四条河原町開幕的AIN SOPH. Journey京都店，由修建一百年的古民家改裝而成，裝潢主打懷舊追憶風情，讓人感受到大正時期的摩登浪漫情懷，古樸的木製桌椅營造出沉靜的氣氛。二樓以白色為基調，舒適的沙發椅適合雙人用餐。帶著從東京開店累積至今的經驗，在AIN SOPH. Journey無需預約就可以吃到不含五辛和酒精的純素料理，菜單皆有標明是否含有五辛，連不含洋蔥的沙拉醬都預備齊全，可以毫無顧慮的安心享用餐點。

社長從學生時代就非常喜歡京都，曾在前往千鳥居參拜著名的伏見稻荷大社時許下心願：希望能與這塊土地結緣。回到東京便接到來

1 淋醬帶有山椒辛香的素炸排漢堡，「カツレツバーガー」1450日圓。 2 包括大豆肉炸物和薯泥的沙拉拼盤，「サラダデリプレート」1280日圓。

1 綠意圍繞之下的寬敞空間。 2 包裝好的酥脆餅乾十分適合作為伴手禮。 3 無麩質抹茶鬆餅「抹茶パンケーキ」1800日圓。

自素食餐廳經營後輩「希望可以接手餐廳」的委託,京都分店就藉此緣分誕生了。餐廳位於歡喜光寺院內,店內也供奉著狸貓「七兵衛明神」,也許是受了神明的庇護,從開業至今客源不斷。

　　始終占據人氣No.1的料理非維根漢堡莫屬,其中京都限定的素炸排漢堡使用大豆火腿製成炸豬排風,鬆軟麵包加上濃厚的淋醬與京都特產山椒(無五辛),一口咬下厚實多汁令人滿足。另加300日圓可以升級為附飲品的漢堡套餐。沙拉拼盤包含大豆肉炸物與薯泥沙拉,若不食用五辛,可將餐點換成大豆火腿的炸素排和西班牙豆腐卷。還可以根據個人食量加300日圓選擇炸薯條、堅果沙拉、玉米片、蔬菜湯品或飲品等附餐。

　　甜點向來是AIN SOPH.的強項,京都店限定的抹茶鬆餅非吃不可。現點現作的無麩質鬆餅軟嫩香甜,淋上有機抹茶與豆乳奶油,微微的苦味中散發著濃厚的抹茶香,嫩芽般的新綠色搭配紅豆沙,構成道地的京都風味。早已成為東京各店人氣甜品的天堂鬆餅「Heavenly Pancake」,當然也值得一試。京都店的鬆餅和冰淇淋聖代等甜品附有神籤,可以得到守護生意興隆和戀愛的「七兵衛明神」的庇護喔!

DATA

地址｜京都府京都市中京區中之町538-6
電話｜075-251-1876
公休｜不定休
信用卡｜可
營業時間｜12:00～16:00,18:00～21:00
http://ain-soph.jp/kyoto/

現代生活裡的日本茶文化新面貌

伊右衛門サロンアトリエ京都
IYEMON SALON ATELIER KYOTO

茶館／日式料理

 非素　 奶蛋素　 五辛素　 純素

　　在便利商店皆可看到的伊右衛門綠茶，自2008年就在三条烏丸設立了這間品牌沙龍店「伊右衛門サロンアトリエ京都」，2019年3月才搬遷至祇園現址。主打的茶葉來自擁有200年以上悠久歷史的老茶舖「福壽園」，透過茶飲食打造身心健康的均衡生活。營業時間從早上8點直到晚上11點，無論是早、中、晚餐，任何時候來拜訪伊右衛門サロン，以茶為主的各式美味料理絕不會讓你失望而歸。

1 琳瑯滿目的精美甜點，點心拼盤任選3種1280日圓，5種1800日圓。 2 從早餐時段開始，一整天都有供應的宇治抹茶鬆餅1350日圓。

1 使用堅果奶作成的抹茶蔬果拿鐵「Vegetable Matcha Latte」各1000日圓。2 聖代也是無麩質的維根甜品，宇治抹茶豆乳提拉米蘇聖代1550日圓，焙茶豆乳提拉米蘇聖代1400日圓。3 結合傳統元素與現代簡潔風格的茶館沙龍。

　　早上11點過後就開始提供甜點，為了追求健康的美味，不使用奶、蛋的各式和、洋菓子，都是好消化的植物性維根甜品。如果選擇點心拼盤，擺滿10種以上精美蛋糕的托盤就會迎面而來，讓人懷著雀躍之心選擇。無麩質且加入大量日本茶製作而成的蛋糕、餅乾，是結合日式和西式不同美學世界觀的藝術品。蛋糕上面的植物性鮮奶油，是至今為止從未嘗過的清爽口感，此時再配上日本茶更加完美。從早餐時段就有供應的抹茶鬆餅，配上抹茶冰淇淋、栗子、時令水果，再淋上抹茶糖蜜，無論作為迎接一天開始的早餐，還是回旅館休息前的完美句點都適宜。層層疊上茶凍、豆乳奶油、水果、水蕨餅、豆乳冰淇淋的宇治抹茶提拉米蘇聖代和焙茶提拉米蘇聖代，華美豐盛又帶著一絲沉穩茶香。

　　各式冷、熱日本茶之外，這裡的抹茶拿鐵可以選擇以牛奶、豆乳或杏仁奶調製。由抹茶、蔬果、豆乳或杏仁奶製作而成的抹茶蔬果拿鐵，配色誘人。結合抹茶、鮮果汁與米醋的特色醋飲，清爽可口。此外，這裡還有使用日本茶製作的獨家雞尾酒，若是想找個清靜之處小酌一杯，也很推薦來這裡試試！

DATA

地址｜京都市東山區八坂鳥居前下る清井町481-1
電話｜075-744-6451
公休｜無
信用卡｜可
營業時間｜08:00～23:00
http://iyemonsalon.jp/

27

專注呈現京都四季美味的米其林名店

本家たん熊 本店

日本料理／精進料理

非素　奶蛋素　五辛素　純素

　　京都鴨川沿岸的「本家たん熊 本店」，於1928年創立，是一家積累了九十年歷史的老字號料亭。從2009年開始持續名列米其林星級餐廳名單中，在這裡能品嘗到精益求精的日式傳統料理。目前已傳至第四代接班人，由年輕的栗栖純一氏接手，他曾在為日本著名茶道表千家提供料理的名店「柿傳 東京店」修行，學習如何烹飪精進料理。栗栖氏製作的精進高湯被評為天下一品，不但被許多高級飯店推薦，也是美食家達人們津津樂道的話題。

1 精美如畫的11道精進會席料理「The Kaiseki course for vegetarians」16500日圓。**2** 賀茂茄子味噌田樂串和烤山椒豆皮，都是具有在地風味的京料理。**3** 新鮮的手作蒟蒻與滑嫩香濃的豆腐皮捲。**4** 前菜由毛豆、大德寺麩壽司，與菜豆烤椎茸拌白芝麻醬組成。

1 座落鴨川沿岸的本家たん熊 本店5/1～9/30夏日晚餐限定的川邊納涼席位。 2 本家たん熊 本店一共備有8間用餐包廂。

遊歷超過70個國家的栗栖氏，對世界飲食文化上的差異抱有濃厚的興趣。因此在同類型餐廳對多樣性飲食應對較為欠缺的狀況下，身為百年傳統老店的本家たん熊，卻是在精進料理之外還能提供清真與東方素等選擇，這樣的高級料亭可說是非常稀少。傳統與革新兼具的本家たん熊 本店，面對不同需求的客人時，依然堅持「一視同仁的價格和服務」的理念。不妥協於因為是精進素食料理，所以可以隨意減少食材的作法。

這裡的精進料理雖然使用柴魚高湯，但只要預約時註明素食或去五辛即可對應。官網預約頁面備有中、英文等選項，不會日語的朋友也無需擔心。午、晚皆可預約的精進會席料理16500日圓，大量使用了京都當地的蔬果、豆皮、豆腐等食材，共有11道菜品，蔬菜壽司或麩壽司、賀茂茄子的味噌田樂串等，都在海外觀光客中擁有極高人氣。簡單的豆皮在精心調理的烹飪下，可以嘗到豆皮刺身、烤山椒豆皮等完全不同的美味。午間另有9道菜品11000日圓的套餐可選，餐點皆會隨季節變化而稍有不同。夏日時節會有晚餐限定的川邊納涼席位（5/1～9/30），在鴨川溫柔的夜風中享受一流的料理，定會成為一生難以忘懷的美好回憶。

DATA

地址｜京都府京都市下京區木屋町通仏光寺下る和泉屋町168
電話｜050-3628-1645
公休｜週日
信用卡｜可
營業時間｜11:30～15:00，17:00～22:00
http://www.tankuma.jp/
https://www.tablecheck.com/zh-TW/shops/tankuma/reserve（預約網址）

28

祇園人氣豆腐料理店的誠意素食之作
豆水楼 祇園店

豆腐料理

 非素　 純素

　　豆水樓祇園店座落在八阪神社前往清水寺的東山大道途中。附近雖然有非常多的湯豆腐餐廳，但絕大部分都使用了柴魚高湯。然而，小有名氣的「祇園・豆水楼」卻推出了僅用海帶和椎茸熬製高湯，素食者也能享用的湯豆腐套餐「六波羅」。在建成150年的町家裡悠閒享用料理，亦是令人嚮往的一大理由，慕名而來的客人不少，建議事前預約為宜。大量使用時令蔬果的套餐菜色會根據季節變化調整，酷暑夏季有降溫料理滋養咽喉，嚴寒冬季有熱騰騰料理溫暖身體。

　　豆水樓嚴選甜度15的大豆製作豆腐，豆香之中更帶著天然的甜美。別具特色的湯豆腐先以竹籠篩去豆腐多餘的水分，再放入木桶中加熱。以手製漏勺撈出熱呼呼的豆腐，配合素高湯一齊享用，混合著獨特木香的軟綿豆腐在口腔中化開，甘甜滋味令人著迷。分量非常豐盛的套餐還有續添湯豆腐的服務，絕對可以盡情享用。點餐時知會店員，即可製作純素餐點。

1 套餐中的炭烤豆腐田樂是主廚以炭火精心燻烤而成，外脆裡嫩，美味多汁。
2 素湯豆腐套餐「六波羅ろくはら」6930日圓，僅祇園店供應。3 外觀。

 DATA

地址｜京都市東山區東大路通松原上ル4丁目毘沙門町38-1
電話｜075-561-0035
公休｜週二
信用卡｜可
營業時間｜週一～週六11:30～14:30、17:00～22:00，
　　　　　日假11:30～15:00、17:00～21:30
http://tousuiro.com

人氣麵包名店一次買好買滿

KYOTO 1er BAKERY MARKET

烘焙坊／咖啡館輕食

 非素　 奶蛋素　 五辛素　 純素

　　麵包消費量日本第一的京都，當然有許多值得特地前往的烘焙坊，然而旅程中的時間總是永遠不夠用，那就前往京都丸井7樓的KYOTO 1er BAKERY MARKET吧！這裡集結了京都府內10家人氣麵包名店，每日11點和下午15點上架新貨。附設60個座位的用餐區，也供應飲品、簡餐，無論內用外帶都很方便。

　　以甘美的京都水為基礎，來自各家的美味麵包都有其特色。來自上賀茂「ブランジュリ　ロワゾー・ブルー Boulangerie L'oiseau bleu」的維根麵包使用不容易過敏的石磨古代小麥粉、米粉、蕎麥粉，亦不使用雞蛋、乳製品以及砂糖，可說都是無麩質麵包，可以放心選購。神宮丸太町的貝果人氣店「ブラウニー ブレッド＆ベーグルズ」使用有機國產小麥，軟Q可口的貝果不同以往。下鴨高木町講究無農藥無添加素材的「レ プレドオル」，以及專注天然酵母麵包的「プルンニャ」。種類豐富多樣，令人難以抉擇！

1 來自L'oiseau bleu的無麩質麵包。 2 使用多種有機食材製作的烘培點心，產品皆有清楚的無麩質和維根標誌，可放心選購。 3 外觀。

DATA

地址｜京都府京都市下京區四条通河原町東入真町68番地7F
電話｜075-251-0233
公休｜無
信用卡｜不可
營業時間｜11:00～20:00
http://www.mgfoods.co.jp/bakery
https://www.facebook.com/KYOTO1erBakeryMarket/

結合醫學＆營養學的植物發酵純素起司

CHOICE

無麩質／咖啡館輕食

五辛素　　純素

　　由鈴木晴惠醫師監修，附設於鈴木形成外科1樓的咖啡廳「CHOICE」於2013年9月開幕，提倡通過食療來調節身心健康，而非醫院對症下藥的療法。主打精選素食、無麩質、有機食品，以及未經加工的天然穀物，從身體根本的需求來考慮、製作料理和甜點。這間可以安心透過享用食物變得健康的餐廳，也因此匯聚了跨越國界的粉絲們。

　　不需制約，自由選擇想吃的食物會讓人從心底感到開心。抱著如此想法提供的料理不僅擺盤精美，味道更是一絕。直接前往就可以品嘗無五辛的純素料理，10人以上的預約則可以享用更多種類的純素菜

1 5種起司拼盤「CHOICE FROMAGE盛り合わせ」1800日圓，適合與朋友一起歡樂共享。 2 內餡豐富的鹹派套餐「具沢山キッシュプレート」900日圓。 3 塔可飯「CHOICE FROMAGEタコライス」1400日圓。

1 香甜微酸的生草莓檸檬蛋糕700日圓，水果鬆餅1600日圓。 2 CHOICE起司小球藻大理石紋塔700日圓。
3 可以放鬆小憩的溫暖空間。

色。招牌維根起司「チョイスフロマージュ」，是院長鈴木女士在美國加州師事素食研究家Miyoko Schinner女士，學習植物發酵起司歸國後，根據京都風土不斷嘗試研發，最終以發酵堅果製成，濃厚香滑的植物性起司比起乳製品毫不遜色。

　　料理中大量使用素起司的CHOICE，有著一般素食料理沒有的豐厚香醇。使用大量新鮮蔬果，拌入特色燻製起司的塔可飯，清新卻味足。內餡豐富的鹹派套餐附有玄米飯、沙拉與湯品，分量十足。玻璃櫃中吸睛的各式甜點也值得一試，無麩質的南瓜蒙布朗、生草莓檸檬蛋糕、CHOICE起司小球藻大理石紋塔等，無論哪一款，香濃的奶油都令人驚豔。CHOICE早晨8:30就開始營業，想用美味早餐就來這裡吧！三明治、沙拉、玉米濃湯，濃厚口感的起司燉飯也是一早就開始供應。無麩質鬆餅使用雜穀粉，並且以老虎堅果替代牛奶，鬆軟可口還能咬到未經加工的老虎堅果碎。一天的開始就從健康自然，充滿堅果香氣的早餐開始吧！

DATA

地址｜京都府京都市東山區大橋町89-1
電話｜075-762-1233
公休｜無
信用卡｜可
營業時間｜週一～週五08:30～15:00・17:00～20:30，六日08:30～20:30
http://choice-hs.net/

義大利冰淇淋協會頒獎認證美味

Premarché Gelateria 京都三条本店

義式冰淇淋

奶蛋素　　純素

　　經營20年的京都自然食品老舖Premarché Gelateria，於2017年4月
在京都三条商店街設立了這家健康又可口的義式冰淇淋店。社長親自
研究開發的冰淇淋不使用白砂糖和乳化劑，卻仍然在義大利冰淇淋協
會的比賽中獲獎，可見其美味。注重營養均衡，活用自然食品屋提供
的超級食物、味噌、玄米、甜酒和梅子等日式傳統食材，無論哪一種
風味都魅力十足，還不會輕易地使身體變冷。不使用乳製品的維根義
式冰淇淋種類之多，可以說是日本第一！20多種口味的冰淇淋色彩繽
紛的排列在眼前，猶如夢境一般！

1 具有京都特色風味的ザ・忍者和抹茶口
味。2 現作的玄米餅乾碗裡是黑加侖和蒙布
朗口味。

1 想吃點鹹食解解膩？那就轉身去附近的同品牌自然食物販賣店，買個醬油仙貝吧！2 可愛的手繪板書寫著飲料與甜筒等，其他加點的價目表。

名稱和顏色都令人好奇的「ザ・忍者」，加入了黑芝麻、黑米、炭等素材，抹茶則帶有淡淡的梅子香味。價格是1種口味500日圓、2種口味600日圓，身高120cm以下的兒童無論是1種還是2種都是400日圓！由於口味眾多，因此免費提供3種口味的試吃，再追加品嘗3種口味也只需100日圓，光是挑選試吃口味就充滿樂趣。

除了一般的威化甜筒，麩質過敏者也可以選擇加100日圓換成現作的熱呼呼玄米餅乾碗。甜品店必備的咖啡、紅茶，這裡當然也有。此外還有香草茶，若是吃了冰淇淋後感覺腹部有涼意，可以選擇梅醬番茶或玄米茶來溫熱身體。京都北山也有分店，規劃行程時不要錯過喔！

 DATA

地址｜京都市中京區三条通猪熊西入御供町308 1F
電話｜075-600-2846
公休｜週三
信用卡｜可
營業時間｜12:00～18:00，4～10月 五六日12:00～20:00
https://gelato.organic/

好吃好攜帶的手作日式點心萩餅
喫茶ホーボー堂

日式料理／咖啡廳

 五辛素　　　　純素

　　從京都人氣觀光神社的平安神宮徒步不遠，即可到達素食咖啡廳——喫茶ホーボー堂。充滿懷舊氛圍的店內擺放了許多的書籍和漫畫，在這可以悠閒地用餐或喝杯咖啡。店主是一對一邊照顧年幼孩子，一邊經營咖啡廳的年輕夫婦。作為主廚的妻子擁有法國料理以及長壽飲食法的料理經驗，因此才能設計出不使用一切動物性食材的維根料理。該店提供每週替換菜色的午餐，對料理使用的蔬菜及調味料都十分講究，不僅選用無農藥蔬菜，亦不使用化學調味料。部分菜色會使用洋蔥，點餐時需要注意確認。

❶ホーボー堂的萩餅一般都會備有六到七種口味。❷ 紫蘇口味的萩餅會以瓦斯槍現烤，獨特的香氣瞬間迸發！

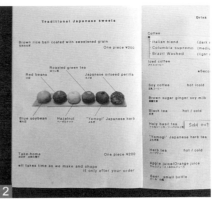

1 滿滿的書架營造出輕鬆的溫馨氛圍。
2 店內備有說明詳細的英文菜單。

本店招牌的萩餅是日本的一種傳統點心，也可以說是從前孩子大人都喜愛的日式輕食。製作方法是先將糯米蒸熟捏成糰子，再裹上熬煮好的紅豆沙或炒香的黃豆粉。ホーボー堂的萩餅使用無農藥糯米，外層包裹的紅豆和黃豆粉等也全是無農藥食材。以母親為孩子著想一般的心情，希望所有客人都能吃到健康的點心，正是ホーボー堂的心願。

萩餅一共有七種口味，紅豆、毛豆、榛子、焙茶、紫蘇、艾蒿，與黃豆粉。萩餅大小適宜，即使作為點心也可以多嘗試幾種口味，因此有不少人都是一次選擇2到3個。為了讓客人嘗到最美味的萩餅，點單之後才開始現捏糯米糰、裹上外層食材。紫蘇口味會現場微烤，獨特的香氣十分誘人。方便打包外帶的萩餅，無論是回到旅館慢慢享用，或是在櫻花季到平安神宮作為賞花時的點心，都是不錯的選擇。

地址｜京都市左京區仁王門通東大路西入る正往寺町452
電話｜080-7325-3697
公休｜週三、週四
信用卡｜可
營業時間｜10:00～18:00（週二～15:00）
https://www.facebook.com/cafe.hobodo

京都
Kyoto

關 西 食 素

Kansai
Vegetarian
restaurant

二条城
Nijo-jo

專注於單一品種咖啡的淺培咖啡館

alt.coffee roasters

咖啡館輕食

五辛素　　　純素

　　位於二条城車站邊上，散發著人文氣息的簡約咖啡館「alt.coffee roasters」，有著烘培師×營養師特製的咖啡，以及健康美味的維根甜點和三明治。當店特色是以獨家技術進行淺培的單一品種咖啡，可以嘗到清香的水果酸甜味。盛放在酒杯裡的咖啡，令人不禁以品酒的心態細細品味隱在其中的滋味。若是想要多方嘗試，只要一千日圓就能點選3種不同種類的手沖咖啡組合，從中找到自己偏好的口味。

　　咖啡豆多半產自較為貧困的國家，為了解決咖啡生產的環境與社會問題，該店通過公平貿易尋找冷門的優質咖啡豆。利用獨特的烘培技術與專

1 無麩質豆乳布丁佐濃縮咖啡淋醬「自家製プリンのエスプレッソアラモード」700日圓。2 依季節推出不同口味的貝果三明治「国産旬野菜の自家製オープンベーグルサンド」，中東風烤茄醬Baba ghanoush貝果三明治780日圓。3 少見的咖啡試飲組「Coffee Flight」1000日圓，可以品味3種不同的咖啡。4 手沖冰咖啡「Pour Over Coffee」500日圓。

1 手沖冰咖啡「Pour Over Coffee」500日圓。**2** 小巧雅致，僅有5個座位的咖啡館。

業的萃取手法，將咖啡豆最極致的美味呈現給客人，藉此提高該咖啡豆國家及產地的知名度。店主懷抱著這樣的使命感，開始經營alt.coffee roasters這家小巧卻不失溫暖的專業淺培咖啡館。

　　店裡自製的貝果三明治使用日本產的當令蔬果，因此會隨著季節變遷推出新口味。蛋糕、餅乾等皆是可以放心食用的無麩質維根甜點，部分還加入新興超級食物「咖啡果粉」。生產咖啡豆的農園取出種子，亦即咖啡豆之後，剩餘的大量咖啡果肉（coffee cherry），除一部分用於作成堆肥，絕大部分都直接倒入河流，成為當地河流嚴重污染的原因之一。店主通過公平貿易，收購老撾北部富饒森林中棄用的咖啡果肉，製成咖啡果粉並加以運用，推出有機咖啡櫻桃雞尾酒、手工核桃餅乾等。花式布丁則是鋪滿自家製燕麥穀片和水果，加上有機豆乳製的手工布丁，再佐以香醇的濃縮咖啡淋醬，豐盛又健康。在這樣別致的咖啡館來杯美味的咖啡，開啟一天的旅程也是個不錯的選擇。

DATA

地址｜京都府京都市中京區神泉苑町28-4
公休｜不定休
信用卡｜不可
營業時間｜10:00〜17:00（L.O 16:45）
http://altcoffee-roasters.com

連續兩年榮獲京都大阪米其林推薦

THE JUNEI HOTEL 京都御所西

旅館

 非素　 奶蛋素　 五辛素　 純素

　　從世界遺產二条城向北步行10分鐘，殘留著古老町家的崛川大街便映入眼簾，彷彿穿越時空回到過去的街道氛圍中，有一間列入米其林指南書的旅館「THE JUNEI HOTEL」。拉開日式木造柵門，具有季節感的和式芳香撲鼻而來，此刻似乎進入與世隔絕的桃源，標準的日式服務從這裡開始。

可在客房內享用維根懷石早餐「ビーガン京懷石御膳」3000日圓，需提前一天預約。

1 舒適寬敞的浴室，享受信樂燒浴缸的紅外線效果，結合水素水的極致泡澡。
2 美國Serta床墊、京都西川寢具、大東寢訂製睡衣，提供極盡舒適的睡眠環境。

　　THE JUNEI HOTEL共有8間客房，為了讓客人感受與平日不同的體驗而費盡心思，房間氛圍根據主題各有不同。打開房門就能聽到頂級揚聲器傳來的清澈鳥鳴和細微流水聲，從聽覺開始放鬆身心。房內裝飾著京都獨特的京唐紙，燈罩和壁紙也十分精美迷人。睡眠是旅行中最重要的放鬆時刻，這裡的睡床使用世界高級酒店御用，來自美國的Serta床墊。百分百純棉的睡衣，肌膚觸感溫和柔順，一切只為提供給顧客舒服的睡眠環境。此外，浴缸是滋賀特製的信樂燒高級陶器，具有遠紅外線功能，搭配近期極具話題性的美容聖品HYXIA高濃度水素水生成器，以奢侈的水素全身浴澈底舒緩一日下來的疲憊。

　　客房皆規劃出茶室般的榻榻米空間，可以盡情享受傳統的日式風情，請務必在這裡享用一份早餐。Junei Hotel的早餐為京都素食店特別開發，嚴選當地新鮮蔬果烹飪而成的無麩質維根懷石料理。不僅提供送至客房的服務，更有精緻的擺盤和餐具，料理的美味更是讓人難以忘懷。能夠一早就在房間內享用維根懷石料理的旅館僅此一家。當然，非素食者亦有其他料理可選。一間客房最多可以入住5人，非常適合與親朋好友一同前來。

DATA

地址｜京都府京都市上京區下長者町下ル3-14
電話｜075-415-7774
公休｜無
信用卡｜可
營業時間｜入住15:00　退房11:00
https://www.juneihotel.com/index.html

35

日式壽司捲與西式外帶速食的完美結合

氣太呂や 壽司

壽司／咖啡館輕食

 非素　 奶蛋素　 五辛素　 純素

　　位於二条城附近的氣太呂や雖然主打外帶壽司，但店內仍然設有五個席位。明亮的玻璃門後，映入眼簾的是排列整齊的各式壽司捲。素食壽司從開業以來就是固定菜色，若不食五辛，告知店員後即可現作無五辛的壽司捲。

　　方便好拿的壽司捲，不管是直接拿著吃或帶回去切好再食用都可以。店主夫婦過去在澳洲居住時發現了這種形式的外帶壽司捲，為了在日本也能以輕鬆便利的態度享用壽司，因而開始經營這家店。

　　飲料除了咖啡和茶之外，老闆娘還會根據季節親自製作時令水果飲品。另外還有源自澳洲的「布里斯球Bliss Ball」小點心，使用天然水果和堅果等自然食材混合製成的球狀小點心（夏季不供應）。等待壽司時，喝一杯咖啡配上布里斯球，和店家輕鬆的聊聊天也是一種樂趣。

1 熱情友好的夫婦英文十分流利。2 植物性原料製成的澳洲低脂點心布里斯球又名能量球，吃起來毫無罪惡感。3 蔬菜種類豐富的素食壽司捲。

 DATA

地址｜京都府京都市中京區西夷川町574
電話｜070-1790-1154
公休｜週一
信用卡｜可
營業時間｜11:00～18:00（週日～17:00）
https://peraichi.com/landing_pages/view/kitaroya

36

充滿植物生命能量的素食拉麵

Da maeda

有機料理／義式料理

 非素　 奶蛋素　 五辛素　 純素

Da maeda是一家主打義大利料理的有機餐廳，備有素食菜單亦可對應無麩質需求，最特別的是，這裡的義大利廚師竟然下功夫開發了前所未有的創意素食拉麵！為了讓客人品嘗到不失營養的美味料理，追求健康與美味並存所開發的高湯，既不添加油也不含鹽分，其目的是防止餐後食用油造成的胃下垂以及避免口渴。因此花了不少時日在製作調味料，最後以自家製的豆乳乳酸菌進行發酵，來提取大豆和捲心菜等蔬果的風味，終於創作出不使用動物性食材和五辛的高湯。

　　配合高湯使用的麵條，則是用玄米和蒟蒻製成的無麩質麵條。拉麵中的配菜以特殊機器分離炸物中的油脂，但保留香脆口感，與香滑彈牙的玄米麵搭配起來可說是天作之合。自家製的發酵調味料帶有微微辛辣，一口湯喝下去，香濃餘韻久久不散。整碗拉麵湯猶如補充身體能量的美味補湯，令人忍不住全部喝光，深怕錯過可惜。

 DATA

地址｜京都府京都市上京區千本通中立売上る玉屋町41
電話｜075-465-5258
公休｜週三、週四
信用卡｜不可
營業時間｜12:00～14:30（L.O14:00），六日假17:30～22:00
http://da-maeda.com

1 以超過百年歷史的京町屋改裝而成的義大利餐廳。**2** 料多實在的拉麵，炸物去油後仍保有香脆口感。**3** 有機玄米和蒟蒻製成的無麩質麵條，滑順彈牙。

關 西 食 素

KanSai
Vegetarian
restaurant

嵐山
Arashiyama

世界遺產庭園裡的米其林必比登推薦餐廳

精進料理 篩月
Shigetsu

精進料理

 五辛素　 純素

　　嵐山是京都首屈一指的熱門觀光景點，從嵐山車站徒步15分鐘左右即可到達天龍寺。名列世界遺產而廣為人知的天龍寺，寺內的「曹源池庭園」是造訪京都必看的著名庭園之一。坐在大方丈的平台上賞景，可以感受到春季櫻花、初夏新綠、秋賞紅葉，以及冬季雪景的四季風情。

　　在十大美景之一的龍門亭裡，有著天龍寺直營的精進料理餐廳「篩月」。簡樸素淨的寬敞空間裡，是沒有桌椅及多餘裝飾的榻榻米房間，客人並排坐成一行，只需靜下心來欣賞眼

五菜一湯的精進料理 雪，
3300日圓。

1 篩月餐廳古樸厚重的傳統木造建築，讓人心緒也隨之沉靜。 2 品味美食之餘，亦能一邊走走觀賞名園。 3 日本史跡‧特別名勝的曹源池庭園，就位於龍門亭後方。

前的料理，並且對所有提供料理的人心懷感謝。精進料理是佛教禪宗修行僧人為了淨化身心，斷絕煩惱和欲望而食用的素食料理，廣義上可以說是沒有五辛的日本素食料理。

篩月的精進料理有三種套餐可選，分別是五菜一湯的「雪」3300日圓、六菜一湯的「月」5500日圓，以及七菜一湯的「花」8000日圓。天然食材的甘美無需過度烹飪調味，食物飽滿的本味與恰到好處的呈現令味蕾舒展，讓人五感均得到滿足。堪稱一絕的胡麻豆腐是經典招牌，鬆軟滑嫩入口芬芳。盛放在平碗中的煮物料理，可以品嘗出為了呈現每一個食材的天然口味而費盡功夫，有一種回歸自然之感。

身為料理長的小谷先生進入精進料理界已有42年，遵循傳統，根據季節變化活用時令食材，以豐富的經驗烹飪出完美結合日本四季風情的料理。來到天龍寺除了觀賞四季更替的美景，別忘了預約一餐美味的四季料理。透過精進料理，對自然界給予的恩惠，以及所有提供細緻料理的人們心懷敬意，讓我們在品味每一餐飯時雙手合十，用「いただきます」和「ごちそうさま」表達感謝吧！

DATA

地址｜京都府京都市右京區嵯峨天龍寺芒ノ馬場町68
電話｜075-882-9725
公休｜無
信用卡｜可
營業時間｜11:00～14:00
http://www.tenryuji.com/shigetsu/index.html

邊觀賞日式庭院邊細品美食
豆腐料理 松ケ枝

日式料理

 非素　 奶蛋素　 五辛素　 純素

　　在嵐山人氣景點渡月橋北側，有一家名為「松ケ枝」的豆腐料理店。與當地知名的手打蕎麥專門店「嵐山よしむら」共用同一個大門，從面臨大堰川的正門進入後，可以看見二棟木造建築分別掛著嵐山よしむら與豆腐料理松ケ枝字樣的暖簾。穿過松ケ枝的暖簾後，有著季節獨有精美色彩的日式庭院正等待著客人們的到來。店內彷彿穿越時空置身於明治時期，室內掛著許多書畫藝品，烘托出雅緻的氛圍。

素食套餐「みやび」2137日圓，搭配菜品會依據時令季節而有所變化。

1 透過落地窗可以欣賞如畫一般的日式庭園，還能隱約看見遊客如織的渡月橋。
2 松ケ枝所在的房舍建於明治時期，原本是日本畫家川村曼舟畫伯的住處。

　　每一道料理都使用蕎麥是本店最大的特色，就連米飯也是混合蕎麥與白米的二穀米。使用蕎麥顆粒或蕎麥粉與食材混合，配合獨特的烹飪技巧將食物的美味發揮至極。菜色可單點也有套餐，其中「雅」套餐不使用高湯，取而代之的是可提升鮮味的醬油，十分適合素食者食用。料理包含前菜、一品料理、豆乳湯、招牌湯豆腐或手桶冷豆腐、米飯、醬菜，無論是哪一種都是該店的獨創料理。

　　前菜與天婦羅使用時令蔬菜，麵皮含有蛋類，點餐時知會店員即可製作純素天婦羅。豆乳湯是濃縮大豆精華製成，將白色蕎麥豆腐與綠色宇治抹茶豆腐交錯排列，形成猶如市松花紋的特色擺盤，濃厚豆香中帶有一絲蕎麥與抹茶的清新。稍硬的冷豆腐是純原味，可依個人喜好搭配醬油、鹽、田樂味噌醬、香味蔬菜等調味料一齊品嘗。坐在富有古韻的建築內，享受美好景色與豐盛餐點，正是本店最大的魅力。

地址｜京都府京都市右京區嵯峨天龍寺芒ノ馬場町3
電話｜075-872-0102
公休｜無
信用卡｜可
營業時間｜11:00～17:00（旺季10:30～，1、6、7月的平日～16:00）
http://yoshimura-gr.com/matsugae/

講究營養平衡的京野菜咖啡廳

Musubi café

咖啡館輕食

 非素　 奶蛋素　 五辛素　 純素

　　Musubi café以「打造身心健康」為理念提供美食。盡可能從臨近農家購買當地種植蔬果的作法，打造出吃著美味、吃著放心的口碑，因而聚集了大量的本地人與慕名而來的旅行者。身為營養師的自然食廚師用心製作每一道料理，無論是早餐的飯糰、午間的本日簡餐，還是晚間的套餐，都能吃到營養均衡的料理。套餐中或許含有五辛，點餐時可詢問店員。

1 經過專人設計，營養均衡的套餐，附有迷你蔬果昔。2 使用豆腐製成的巧克力蛋糕。

1 窗外可以看到橫跨河川的渡月橋，以及練習中的跑者身影。2 以國內外馬拉松大會的紀念品作為店內裝飾，亮麗活潑十分特別。

　　積極支援馬拉松等運動項目的Musubi café，也有許多運動愛好者為了運動前調整身體，或是運動後緩解疲勞，特地到店一嘗由當日在地新鮮收穫蔬果製成，富含維生素的蔬果昔飲品。進行慢跑等運動出汗之後，只要花費550日圓就能在Musubi借用浴間，一身清爽地享受美食。

　　Musubi對於維根甜點也十分講究，無論是烘焙類的蛋糕還是冰品，都是用楓糖和甜菜糖來代替白砂糖，麵粉也改用米粉或古代小麥粉來替換。人氣甜點巧克力蛋糕作為餐後點心分量雖大，但由於使用發酵食品的甜酒作為甜味劑，因此並不會對腸胃產生負擔。所有飲料也都是維根蔬食，奶類飲品皆以豆乳作為代替品，喜愛「奶味」的客人亦可放心點餐。

DATA

地址｜京都府京都市西京區嵐山西一川町1-8
電話｜075-862-4195
公休｜無
信用卡｜可
營業時間｜11:00～21:00、週六10:00～21:00、
　　　　　週日10:00～20:00
http://www.musubi-cafe.jp

與時俱進的御膳豆腐料理店
嵯峨とうふ 稲

日式料理／豆腐料理

 非素　 奶蛋素　 五辛素　 純素

　　來到京都，必然會聯想到「湯豆腐」這道在地料理。風雅的嵐山地區自然也聚集了數不勝數的料理店，然而遺憾的是，大多數的湯豆腐都使用了柴魚高湯作為湯底。令人驚喜的是，嵯峨とうふ 稲為了能使更多素食者享受特色料理湯豆腐帶來的喜悅，研發了新的套餐組合「素食御膳」。主要菜品有胡麻豆腐、嫩生豆皮、湯豆腐、生麩田樂（烤麩沾味噌醬）、時令蔬果和胡麻豆腐的天婦羅、五穀飯、京都漬菜，以及自製的甜品蕨餅。所有料理都不含動物性食材，蔬果皆產自京都本地。若是不吃五辛，點餐時事先告知也能提供不含五辛的純素料理。

1 為了素食遊客特地研發的湯豆腐御膳「ベジタリアン御膳」2180日圓。 2 不含動物性食材的高湯，簡單的烹調方法更能嘗到美好食材的原味。 3 精選大豆製成香氣濃厚的原味豆漿，再以筷子一片一片夾起富含水分的嫩生豆皮。

明亮簡約，又不失日式風情的
本店2樓。

　　因應世界潮流推出素食料理的嵯峨とうふ稻，開業於1984年。最初是一家小小的咖啡廳，隨著顧客的需求，從和菓子開始，到如今不斷精進的豆腐料理，目前已擁有兩家店面。天龍寺門前本店設有六十個席位，從本店走3分鐘即可到達設有115個席位的北店。坐在二樓，憑窗眺望嵐山的四季景色，吃著在地鮮美料理，徹底感受京都的自然風情。在旅客總是絡繹不絕的嵐山，擁有這麼多席位的豆腐料理店並不多，雖然有時需要候位，但兩家店鋪距離很近，可以輕鬆調整行程。

　　位於本店旁的「嵐山さくら餅 稻」，售有傳統和菓子蕨餅和櫻餅。維根可食的蕨餅，使用日本產的頂級本蕨，在嚴寒季節以京寒晒製法作出蕨粉，再以鍋釜煮製而成，擁有獨特的風味與口感。櫻花季限定的櫻餅則是以古代紅米、黑米作出外層黏糯的道明寺，包入高雅清甜的紅豆餡，再以伊豆的鹽漬的大島櫻葉裹起。無論作為飯後點心或伴手禮，都是好選擇。

DATA

地址｜本店　京都市右京區嵯峨天龍寺北造路町19
　　　北店　京都市右京區嵯峨天龍寺北造路町46-2
電話｜075-864-5313
公休｜無
信用卡｜不可
營業時間｜11:00～19:00
https://www.kyo-ine.com/tofu/

關 西 食 素

Kansai
Vegetarian
restaurant

京都近郊
Kyoto Outskirts

世界唯一 原創拉麵製作體驗店

Ramen Factory Kyoto

拉麵／製作體驗

 非素　 奶蛋素　五辛素　 純素

　　由超過三十年歷史的「めん馬鹿一代」拉麵老店轉變而來的 Ramen Factory，位於與京都站僅一站之隔的東福寺站，從車站徒步5分即達。起初僅是一個為了在非正餐時間解決空店情況的企劃案，卻意外地在短時間內獲得了極佳口碑，慕名而來的客人也越來越多，因而藉此契機轉型為專門體驗拉麵製作的Ramen Factory Kyoto。即使轉型為體驗店，專注料理的匠人之心仍舊不變。在對應飲食禁忌方面可說是達到世界級的標準，從無五辛的東方素到無麩質都能配合，用心程度令人驚嘆！令人深深感受到「想在世界各國人士面前，宣傳日本自豪的拉麵文化」的堅定決心。

1 親手製作世界唯一的原創拉麵！2 觀看製作說明的影片了解流程，就可以開始動手嘍！

1 體驗區掛著拉麵店常見的門簾，氣氛十足。
2 圍上圍裙，綁上頭巾，開始製作拉麵吧！頭巾是可以帶回去的紀念禮物。

　　觀看製作拉麵的影片，熟悉流程之後，就可以開始動手製作，體驗時會有懂得中英文的店員在一旁幫助指導，所以無需擔心。美好的回憶從揉麵開始，如有無麩質需求，亦可選用米粉替代麵粉。作好的麵糰從製麵機一次次壓製成片，再切成細麵，親手製作的過程讓人無比開心。接著使用昆布與白蘿蔔乾製成的高湯底，依個人喜好自由加入鹽、醬油、味噌，調製成無一無二的麵湯。若是不小心調得過於濃厚，可用無味的白湯加以稀釋。

　　調好拉麵高湯，接下來就是將煮好的拉麵甩麵去湯的時間。甩麵去湯是日劇或動漫中經常出現的場景。參加體驗的現場，總是有許多外國人對這個動作樂此不疲。將拉麵放入湯碗，再加上豆苗、海苔、玉米等配菜，世界上唯一的原創拉麵就大功告成了！開動之後，還能依個人口味加上山椒、七味粉等辛香料。自己作好的拉麵自己食用，還能收到紀念拉麵頭巾，這樣獨特的體驗只在Ramen Factory Kyoto。該店附近的東福寺是有名的賞楓葉和賞櫻點，因此3～4月、10～11月時期客流量較大。此外，預約官網備有中文等12種語言，去五辛、無麩質等飲食禁忌需求也能在官網註明清楚，建議還是提前預定，讓行程更加順利。

DATA

地址｜京都府京都市東山區本町814-18
電話｜050-3196-1740
公休｜無
信用卡｜可
營業時間｜11:00～19:00（週一～17:00、週五～15:00）
http://www.fireramen.com/ramenfactory/zh/

拉麵製作流程

1. 製作麵條
2. 製作叉燒（素食以油豆腐代替）
3. 烹煮叉燒（油豆腐）
4. 製作湯頭
5. 調整湯頭
6. 甩麵去湯
7. 擺盤完成

完整體驗為以上流程。

需時90分　成人 4500日圓　兒童 3500日圓

時間有限的客人，可以選擇省略製作湯頭的快速課程。

需時45分　成人 3500日圓　兒童 2500日圓

以製麵機壓製成片。

切成細麵。

素食者會以油豆腐代替叉燒，從烹煮到炙烤全都親自動手。

素食版本的湯頭和各式調料，鹽、醬油、味噌，調出喜愛的口味吧！

拉麵煮好就能體驗過程中最有趣的甩麵去湯。

在盛入拉麵的碗中，放上水菜、玉米、海苔等豐富的素食配菜。

品嘗獨一無二的原創拉麵吧！

42

身兼藝文集散地的素食咖啡館

gorey cafe

咖啡館輕食

 奶蛋素   五辛素   純素

　　gorey cafe位於京都大學北門10分鐘步行圈內，附近有著名景點銀閣寺，因此聚集了許多海外學生以及觀光客。平時就有很多維根和宗教素食者造訪，因而gorey cafe的料理基本上都不含五辛，並且還會控制鹽分。以咖哩和義大利麵作為主打餐點，選用京都當地的時令有機蔬菜，能在餐盤中感受到四季變化的樂趣，也藉此虜獲了大票非素食者粉絲。無五辛的溫和咖哩，不僅含有時令蔬菜，還加入薑黃、豆乳和椰子油，作出奶油般香醇的口感。

　　咖啡廳的內裝明亮富有藝術氣息，2樓經常舉辦畫展等藝文活動，觀光途中不妨到店享用一杯咖啡和維根蛋糕，小憩一番！gorey café也是少見營業到22點的素食餐廳，擁有樂隊的店長會不定時在店開辦live。觀賞完浪漫的燈光夜景後，再到店享用晚餐，定會成為旅途中美好的回憶。

DATA
地址｜京都市左京區淨土寺西田町82-1
電話｜075-203-6296
公休｜週一
信用卡｜不可
營業時間｜11:00～22:00
http://gorey.jp/cafe/

1 午間簡餐，加入茄子、酪梨等時令蔬菜的無五辛溫和咖哩「マイルドカレー」。**2** 放上養生熱潮蔬菜——芫荽的義大利麵。**3** 整潔明亮，可以享受藝術、美食與音樂的咖啡廳。

處處講究的維根民宿

Vegan Minshuku sanbiki neko

維根民宿 三隻貓

民宿

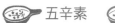 五辛素　　 純素

　　曾經多次來到京都旅行的Craig與Helen夫婦兩人，為京都獨有的日式傳統街道深深吸引，因此不遠萬里從澳洲移居來日本。作為家庭一分子的三隻可愛貓咪也隨著主人來到了日本，決定在東山附近經營的維根民宿便以此為名，如今三隻貓咪也成了迎客的招牌人氣萌寵。Vegan Minshuku sanbiki neko於2018年開業，一樓為用餐區，二樓設有五間和式榻榻米客房。民宿的地理位置絕佳，距離祇園、清水寺、三十三間堂等觀光名勝，都是步行30分鐘內的範圍。

1 一早就能享受手作又營養的維根早餐。**2** 熱心好客的民宿老闆夫婦。

1 障子門窗、榻榻米和臥鋪，品味傳統日式客房帶來的樂趣。**2** 階梯下的沙發區，可以舒服地坐著欣賞窗外美景，享受悠閒的時光。**3** 民宿內準備的洗浴用品也是維根產品。

　　夫婦二人茹素超過三十年，這間維根民宿則完整體現了其生活理念。家具皆為木製或棉織品，枕頭、被子和坐墊均為棉花或聚酯纖維製作而成，包括拖鞋等其他的裝飾小物，你能看到或摸到的全都呈現出講究的維根主義，連肥皂等清潔用品都是植物性的。從玄關進入民宿，明亮溫暖的陽光從天窗灑進屋內，清新的木香撲鼻而來。使用柏木鋪製的地板，觸感柔軟舒適，讓人忍不住裸足而行。由於二人非常喜歡具有美感又乾淨的空間，因此民宿內無處不令人感到心情舒暢。

　　在溫暖的被窩中睡飽後，請到一樓的餐廳，以時令蔬果為主又營養均衡的維根早餐正在等著你。混搭了日本和澳洲風格的和食擺盤精美，元氣滿滿的一天就從這份美味的早餐開始。如果擔心在日本尋找外食會有困難，熱心的老闆也會提供素食餐廳資訊。盡心盡力為客人解決問題，這正是Vegan Minshuku sanbiki neko的魅力所在。

DATA

地址｜京都府京都市東山區今熊野南吉町90
電話｜070-4419-4548
公休｜無
信用卡｜可
營業時間｜入住 15:00，退房 11:00
https://www.veganminshuku3neko.com

44

精進料理的豆乳拉麵名店

豆禅

拉麵

 純素

　　從京都車站坐電車17分鐘到松ヶ崎車站，再步行約15分鐘才能到達的豆禅，每天都有追求美味拉麵而絡繹不絕的食客。雖然距離市中心有一段路，但是步行10分鐘即可到達世界遺產下鴨神社，順路參拜一下也是不錯的觀光路線。

　　原本經營豆腐舖的店主，只是順手將當日餘下的食材製成豆乳拉麵當作員工餐，誰知道竟然是出乎意料的美味。推出限定菜單後不僅深受好評，還被媒體廣泛報導，在那之後便成了常規菜色。隨著慕名而來的客流量不斷增長，於是有了今天的豆乳拉麵專門店「豆禅」。店名由來，則是身為尺八演奏家的店主與「禪」有些許緣分，再結合招牌料理豆乳拉麵的「豆」，故名「豆禅」。

1 看得見的濃郁豆乳，小球藻湯底的擔擔風味豆乳拉麵，辣味等級有1-5可以選擇。2 人氣菜單之一，山椒風味的茄子壽司。

自宅一樓改裝而成的餐廳，具有古民家的親切感。

　　在傳統環境學習廚藝的店主，開店當初根本沒有意識到素食者的需求，提到高湯自然是柴魚熬製，麵也是加入雞蛋製作而成。然而開業以來，接觸了許多海外的素食旅客，於是藉此契機開始研發代替柴魚高湯的海帶與菇類高湯，也開發了不使用雞蛋的麵條，並且將配料由大蔥改為水菜等。在這樣長期與素食客人的磨合下，終於演變成全部純素無五辛的豆禪。

　　豆禪最大的魅力，在於可以客製自己喜歡的拉麵。以兩種基礎款豆乳拉麵：豆皮和蘑菇為主的「武藏」，以及八丁味噌和芝麻味的「大豆素肉的擔擔風味」開始。接下來從三種湯底之中選擇其一：標準清爽的「こっさり」，具有排毒功效的「麻炭」黑色湯底，以及解決蔬菜不足、富含B12的小球藻「クロレラ」綠色湯底。最後再根據個人喜好選擇細麵、米粉麵或小球藻麵。其中，店主最推薦大豆素肉的擔擔風味加小球藻湯底的組合。

　　此外，豆禪一直都有在招收弟子，從3天的體驗，到3個月的短期修行，以及3年的長期修行。店裡的茄子壽司，便是一位壽司職人弟子在畢業之時留下的創作。台灣高雄的「萩豆乳拉麵」也是豆禪畢業生經營的店喔！

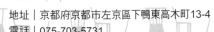

地址｜京都府京都市左京區下鴨東高木町13-4
電話｜075-703-5731
公休｜週四
信用卡｜可
營業時間｜11:30～14:30、18:00～21:30
https://www.mamezen.com/

關　西　食　素

KanSai
Vegetarian
restaurant

元町
Motomachi

三ノ宮
Sannomiya

享用無農藥蔬果的健康鮮甜好滋味

お気軽健康カフェ あげは

日式料理

非素　　奶蛋素　　五辛素　　純素

　　主打輕鬆健康的あげは咖啡廳正如店名，有著帶給人溫暖與明亮的奶油色調。比想像中還要寬敞的店內，天井的裝飾和木質桌椅等內裝，打造了一個平易近人的空間。あげは每天早晨都會收到契約農家採摘的無農藥蔬果，再由營養師專門設計對健康有益的料理。提供比普通白米更富含維生素和礦物質的玄米或十穀米，以精選乾燥舞茸和昆布作成的素高湯取代鰹魚高湯。店家不僅用心考慮如何搭配健康料理，還專注於提供素食者安心享用美食的環境。

1 繽紛辛香，使用14種蔬菜的湯咖喱「14品目のお野菜スープカレー」1296日圓。　**2** 可以嘗到蔬果鮮甜的時令蒸籠餐「季節のせいろ蒸しご飯」1512日圓。

1 簡潔的天井裝飾和木質桌椅，打造出通透悠閒的咖啡廳氛圍。**2** 奶油色調搭配木製內裝，營造出溫暖明亮的空間。**3** 大人氣的豆乳布丁。

　　無五辛的維根料理「時令蒸籠餐」。以簡單蒸籠烹調南瓜、香菇、蓮藕、番茄、綠花椰菜等當令季節蔬果，另外配有羊栖菜、胡麻豆腐等兩種小菜，加上米飯、味噌湯，只需1296日圓，可以說是非常划算。搭配店家自家製的芝麻醬、醋汁一起食用，能夠更加突顯蔬菜原本的天然之味。不過，味噌湯和時令蔬菜中有時會含有五辛，純素食者點餐時還是與店員再次確認較為穩妥。

　　五辛素食客則推薦14種蔬菜的湯咖哩。使用20多種香料打造的道地咖哩，加入色彩斑斕的甜椒、紅蘿蔔、玉米筍、牛蒡等14種蔬菜，或素炸得香酥爽脆，或經過30分鐘熬煮得入口即化。無論香氣還是色澤都讓人胃口大開。

　　飽餐一頓後，甜點就該登場了。本店有不少客人是為了甜點特地來訪，人氣招牌為豆乳布丁和紫薯蛋糕。無論是用餐還是享用下午茶時光，都歡迎選擇交通便利，位於神戶中心三宮・元町徒步圈內的あげは！

DATA

地址｜兵庫縣神戶市中央區中山手通2-4-8
電話｜078-321-2780
公休｜無
信用卡｜可
營業時間｜11:00～20:00
http://cafe-ageha.jp/tor/lunch.html

46

以為愛為動力的絕品純素食義式冰淇淋

Riccio d'oro

義式冰淇淋

 純素

　　義式冰淇淋雖然香濃可口，但適合純素者的品項卻是少之又少，然而這間由三宮車站步行7分鐘就能到達的Riccio d'oro冰淇淋專門店，不僅所有產品皆為純素，而且對食物過敏者也極其友好，會引起食物過敏的28種食材均不使用。這樣的堅持，背後自然有一段故事。

　　身為料理人的店主，曾在20多歲時遠赴義大利學習。一直堅信「食物可以傳遞幸福」的他，當自己的兒子被診斷出對某種食物過敏時，發現並不是所有人都能接受這樣的「幸福」。看著可愛的兒子一直在與「給我嘗一口」的美食誘惑苦戰中忍耐著，作為父親的店主即使努力從全國各地訂購各種零食物過敏的甜點零食，也不能消除兒子的「忍耐」。

1 人氣口味——芝士蛋糕和綜合莓果，濃稠香醇與清爽微酸的組合。
2 多達10種以上的口味可選，2種500日圓，3種600日圓。

店內處處以可愛的手繪插圖裝飾。

　　「沒辦法的話，就自己來吧！」在這一瞬間，店主抱著誰都無需忍耐，能夠發自內心道出美味和感到愉悅的決心，開始研發對應食物過敏的產品。打算以在義大利學到的道地義式冰淇淋為決勝招牌，但是不用奶和雞蛋卻要作出令人信服的味道，真的是極其困難，據說光是開發原料代替品就花費將近兩年的時間。

　　經過反覆試驗之後，終於用椰奶、米奶、杏仁奶來代替牛奶，成功作出了如今熱賣的素冰淇淋。此外，為了再現義式冰淇淋的濃郁和光滑感，更加入楓糖、紅糖等絕妙配方。多達10種以上的口味中，最受歡迎的莫過於芝士蛋糕冰淇淋。在不使用芝士奶酪的情況下，完美復原了低甜度的高雅芝士蛋糕。除此之外，具有日本特色的「櫻」、「玄米茶」也是人氣風味之一。

　　Riccio d'oro具有人氣的理由不僅是味道而已，店內裝飾和手繪設計均以可愛著稱，可以看出店主「希望大家可以從心底享受食物」的細膩心思。本店之之外，Riccio d'oro在三宮車站附近的丸井一樓也有專櫃，非常方便一嘗道地的義式冰淇淋。

DATA

地址｜兵庫縣神戶市中央區八幡通4-1-12
電話｜078-891-8880
公休｜週一
信用卡｜可
營業時間｜11:30～18:00
https://ricciodoro.shop/

自然健康派墨西哥料理咖啡廳
Modernark pharm cafe

墨西哥料理

 奶蛋素　 五辛素　 純素

　　從元町站步行5分鐘可達的 Modernark pharm café，秉持「自然健康飲食，慢節奏享受生活」的經營理念，選擇100％手作料理。四周被綠植包圍的咖啡廳清新自然，營造出一個隔絕都市喧囂的世外桃源。晴朗之日不妨選擇室外席位，在陽光下享用美食好不愜意。

1 豐富均衡且份量十足的大豆肉生薑燒套餐，1150日圓。**2** 無五辛的酪梨沙拉，「アポカドサラダ」1000日圓。

1 種類多樣的食品與調味料販售區,十分值得一逛。
2 晴朗之日可以選擇室外席位,愜意享受燦亮陽光。
3 招牌甜點豆乳優格奶油蛋糕。

　　其實Modernark pharm café是間開業20餘年的老店。店主切東小姐受到瑜伽和佛教的影響,在20多年前漸漸轉為素食生活。當時的大環境對素食者並不是那麼友好,更別提素食餐廳的經營,但店主依舊堅持了下來,才有今天Modernark pharm cafe。在素食界中,墨西哥料理是十分罕見的存在。尤其墨西哥料理大量使用洋蔥、大蒜等五辛,對東方素食者來說選擇更有限。

　　無五辛的純素料理有酪梨沙拉,將沙拉盛放在一小塊薄餅上,再配上自家製的番茄醬與豆乳沙拉醬食用,味道溫和清新。喜歡吃辣可以加上一點墨西哥辣醬,絕妙口味令人完全忘卻正在吃素這件事足。可食用五辛的朋友,推薦份量十足的午餐拼盤,包括大豆肉生薑燒、玄米飯、沙拉、湯品,一共只需1150日圓。沙拉一樣配有墨西哥辣醬,可以自由調整味道。

　　用餐之外,也很推薦來到Modernark pharm cafe度過下午茶時光。招牌甜點為豆乳優格奶油蛋糕和椰子提拉米蘇。店內不僅陳列著許多伴手禮和調味料,二樓還有古著和雜貨區,餐前或餐後不妨在店裡逛逛,說不定會找到驚喜呢!

地址｜兵庫縣神戶市中央區北長狹通3-11-15
電話｜078-391-3060
公休｜元旦
信用卡｜不可
營業時間｜11:30～21:00（週四～14:00）
http://modernark-cafe.chronicle.co.jp/

48

友善身心與環境的素食餐廳
Vegan Cafe Thallo

咖啡館輕食／無麩質料理

五辛素　　純素

　　從神戶元町站步行5分鐘內可以到達的「Thallo」，可說是距離最近的素食餐廳。抱持著對每一個客人都要以嚴選食材，提供安心安全料理的理念。不僅供應不使用動物性食材＆調味料・麵粉・白砂糖的蔬食料理，更進一步對應無麩質的需求，因此獲得了素食者、食物過敏者等許多健康人士的支持。以自然栽培的玄米為主，選用當地農家直送的新鮮蔬果，盡可能地使用有機、低農藥的食材，打造對人、對環境都溫和友善的雙贏模式。

1 梅子和昆布佃煮兩種日本道地口味的玄米飯糰拼盤700日圓。 2 人氣餐點鹹派拼盤1280日圓，菠菜鹹派可去五辛。 3 無麩質素食甜點「柳橙卡士達塔」。

以藍天綠地的配色，營造出自然舒適的清新空間。

　　午餐和晚餐均提供鹹派拼盤和飯糰拼盤，二者皆附例湯、沙拉、本日小菜，餐後飲料可加價200日圓選擇咖啡或香草茶。鹹派拼盤另附玄米飯或米粉麵包，派的口味則有番茄、菠菜、咖哩三種可選，其中菠菜可以去五辛，紮實的口感和細緻的味道都令人非常滿足。飯糰是以玄米飯捏製而成，配上日本道地的傳統梅子和昆布佃煮口味，由於飯糰拼盤份量較少，請視個人食量選擇。Thallo特別規劃了兒童拼盤，因此在家庭旅遊的觀光客中也非常有人氣。

　　具有地利之便的Thallo，也很適合作為觀光途中的休憩之處。感到疲憊時，不妨到店休息一下，來杯咖啡和甜點吧！日常甜點有玉米蛋糕＆豆乳冰淇淋佐楓糖漿、豆腐布朗尼＆豆乳冰淇淋、胡蘿蔔蛋糕、米粉磅蛋糕等，還會不定時依季節推出洋梨、鳳梨、香蕉、柿子、蘋果等各式水果塔，當然都是無麩質的素食甜點。懷著期待猜測會有什麼口味，也是旅行的醍醐味呢！

DATA

地址｜兵庫縣神戶市中央區北長狹通4-7-12
電話｜078-599-9652
公休｜週三
信用卡｜可
營業時間｜11:30～17:00
http://thallo.jp/
https://www.facebook.com/VegancafeThallo/

49

鬧區裡的有機蔬食創作料理居酒屋

Vegetable Dining 畑舍

居酒屋

 非素　 奶蛋素　 五辛素　 純素

　　距離三宮站徒步8分鐘，在以神戶牛產地聞名的街道中，這家號稱蔬食料理專門的「Vegetable Dining 畑舍」居酒屋，可說是十分罕見。講究蔬果品質，甚至乾脆自產自銷，使用的有機蔬果全部由店主親自下田栽培、摘採，烹調成菜餚。據說開業前，店主曾餵食兒子超市採購回來的番茄，結果孩子只嘗了一下根本不吃。看到這個情境而感到憂心的店主，才決定改為使用自家產安心蔬果的餐廳。

　　自開店12年以來，店家一直保持著為素食者服務的初心，應對素食者的需求可以說是駕輕就熟。甚至在素食者點餐時，店員還會親切的詢問「雞蛋

1 豆乳奶油焗烤南瓜「かぼちゃの豆乳クリームグラタン」，對半切開的整顆南瓜，盛滿色彩鮮豔的蔬果再淋上豆乳奶油焗烤，是本店的大人氣料理。2 豐富多樣的素食套餐。

1 備有英文菜單，不用擔心日語方面的溝通問題。
2 可以一邊享受蔬食美味，一邊體驗日式居酒屋的熱鬧氛圍。

和奶製品沒關係嗎？」由於海外素食遊客不少，因此味噌湯使用的湯底也可以換成昆布高湯。另外還備有英文菜單，不必擔心語言造成的溝通問題。

　　料理分為單點或套餐，兩人以上推薦三千日圓的套餐（共七品），內含本店招牌時令蔬菜天婦羅和豆乳奶油焗烤南瓜。整顆南瓜對半切開，盛滿香濃的豆乳奶油和色彩鮮豔的各式蔬果，是一道美味與外觀兼具的大人氣料理，也是讓人忍不住掏出手機上傳社群平台的豪華主菜。單品菜色種類繁多，有生豆皮、蒸籠蔬菜、茄子田樂等。無論哪一種料理都無需預約，即到即嘗，但由於餐廳太有人氣，建議事先預約更為穩妥。至於去五辛、去蛋奶等細項需求，在點餐時知會店員即可。關西的蔬食專門居酒屋少之又少，想要體驗一番日式道地的居酒屋文化，不妨選擇神戶的Vegetable Dining 畑舍。

DATA

地址｜兵庫縣神戶市中央區下山手通2-13-22
電話｜078-334-0525
公休｜無
信用卡｜可
營業時間｜17:30～凌晨01:00
https://www.vegetable-hatakeya.com/

奈良
Nara

關　西　食　素

Kansai
Vegetarian
restaurant

奈良駅
Nara

法隆寺
horyuji

素＆非素都滿足的奈良素食老店

喜菜亭
Kinatei

自然食／日式家庭料理

 奶蛋素 純素

　　從JR奈良站東口出來步行5分鐘，即可到達東方素食餐廳「喜菜亭」，營業至今已是第8個年頭。這家老店吸引了不少遠到而來的外國觀光客，其中極受台灣人的喜愛。理由之一，是中學時代就開始獨自實踐東方素食主義的店主西澤喜子，是個素食知識豐富十分可信賴的存在。而且不僅是喜子小姐，連店員都會中文，所以點餐時完全沒有困擾。

附加餐後飲料（咖啡或紅茶）、甜點和水果的升級版套餐，也只要1500日圓。

中學時代就開始實踐東方素
食主義的店主西澤喜子，待
客親切且中文流利。

　　喜子小姐總是用心款待客人，會盡量滿足客人的需求，包括應對無麩
質等方面的飲食限制。雖然菜單中的料理大多數都是純素，但是也有少數
含有乳製品的菜色，純素者在點餐時別忘了知會需要純素品項，以便店家
介紹或調整料理。

　　最受歡迎的每日套餐，由天天輪替的四種不同配菜，加上飯和味噌
湯，組成1200日圓的基本套餐。此外還有多了餐後飲料、水果與迷你甜點
的1500日圓套餐組合。配菜為和洋風的日式家庭料理為主，因此會出現日
式、中華風、印度風等各式菜餚。豐富多樣的菜色每日不同，即使每天光
臨依然充滿期待。單品料理也可以加300日圓作成套餐，晚餐則是完全預
約制，通常三人以上才會受理（並且需要提前3天預約），採用時令食材
的無菜單料理方式供應，價格依人數多寡而不同。

　　這裡的蔬菜大多使用有機栽培的無農藥蔬菜，稻米產自京都府的南山
城村。每天早晨才將稻穀碾成七分的白米，具有米香濃厚的特徵。豆腐使
用真正的鹽滷點製，可以嘗到黃豆本身的濃醇鮮美。日式料理不可或缺的
味噌湯，使用了九州和名古屋的四種味噌混合，加上原木香菇和海帶熬製
的高湯，味道芳香醇厚。調味品也是從鹽開始各種講究，吃過之後忍不住
就會成為喜菜亭的粉絲呢！

 DATA

地址｜奈良縣奈良市杉ヶ町25-1 フェリス駅前1F
電話｜0742-20-6188
公休｜週一
信用卡｜可
營業時間｜11:30～14:30，晚餐為完全預約制（3天前）
http://www.kinatei.com/

芬芳迷人的香辣芝麻蔬菜咖哩
若草カレー本舗

咖哩

非素　奶蛋素　五辛素　純素

　　奈良車站附近，位於拱廊商店街一角的若草カレー本舗，是一家秉持著「打造廣受各世代客人所喜愛」理念的咖哩店。店主坂中大吾先生從喜歡的菠菜咖哩得到靈感，創作出招牌菜「若草カレー」，並且於2011年10月開始經營這間以咖哩為主的餐廳。為了讓小孩子也能輕鬆接受，店裡備齊了各式各樣的咖哩，無論男女老少都能挑選符合心意的風味享用。簡潔清爽的吧台區和沙發席位都令人放鬆，菜單備有日語、英文以及中文等版本，十分親切。

1 純素不含五辛，濃郁帶著些許辛辣的芝麻素咖哩飯「胡麻と野菜のカレー」980日圓。
2 令人驚喜的爽口維根咖哩，五辛素的菠菜素咖哩飯「ベジ若草カレー」980日圓。

清爽明亮的空間，簡單規劃出吧台區與沙發席。

　　純素食者可選擇「胡麻と野菜のベジカレー」，這是針對亞洲素食者特別開發的無五辛咖哩，使用大量的芝麻醬與現磨芝麻，再加上提味的味噌添加層次。傳統和風的香濃芝麻與濃厚的辛辣，激盪出從未有過的新鮮咖哩。吃過一次就讓人難以忘懷，連觀光客都讚不絕口。

　　可接受五辛素的旅人則推薦品嘗美味爽口的「ベジ若草カレー」。這道以菠菜、番茄為主的蔬菜咖哩，擁有與外觀相反的清淡味道，嗜辣之人可以加上桌上常備的hot powder辣椒粉調味。如果吃到一半想轉換一下口味，不妨淋上一些油炸杏仁與花生的nut oil堅果油，香甜的堅果味會立刻讓人胃口大開。此外，還能選擇ごまと野菜のカレー和ベジ若草カレー雙拼的鴛鴦素咖哩飯，一次滿足2種口味！前往東大寺遊玩時，順道一訪若草カレー本舗，從蔬果與辛香料中補足滿滿的活力吧！

DATA

地址｜奈良縣奈良市餅飯殿町38-1
電話｜0742-24-8022
公休｜週三
信用卡｜可
營業時間｜11:00～19:30
https://www.wakakusacurry.jp/

靜享一桌豐盛的奈良滋味

Onwa

咖啡館輕食

 五辛素　　 純素

　　2017年12月開幕的onwa，是一間專門使用奈良當地物產的素食餐廳&咖啡館。將原本閒置的老房子加以改造，搭配木造櫃台、桌椅與復古吊燈，營造出舒適的氛圍。陽光透過大片落地窗灑入店內，明亮且開放感十足。店主末武洋介先生在美國留學時接觸到素食這種飲食生活之後，便開始著手開發使用奈良縣當地生產的蔬果食材，規劃以維根、有機與無麩質為主的餐點。在喜歡音樂的店主每日親選的輕快旋律中享用美食，是度過午後悠閒時光的最佳選擇。

1 加點兩個手捏飯糰只要200日圓，大片落地窗帶來一室明亮。
2 繽紛豐盛的人氣餐點——維根拼盤「Vegan delight」1500日圓，忍不住拿出手機打卡曬IG的美食。

以老舊空房改造的活化空間，親切溫暖的木製桌椅與燈具，洋溢日式懷舊風情。

　　隨著季節變換各種菜色的維根拼盤，是最受歡迎的人氣餐點，不僅是無五辛的純素組合，而且也是無麩質料理。大量使用時令蔬果作成的各式料理，外加一品和風小菜，滿盤都是最新鮮的奈良風味。若是這樣還無法滿足，只要多付200日圓就能加點兩個手作三角飯糰。曾向專業飯糰職人學習的店主，親手捏製的每一個飯糰都軟硬適度，口感絕佳。使用奈良縣特別栽培的稻米品種「ヒノヒカリ」，即使放涼依然能嘗到米飯原有的香甜。

　　含有五辛的蔬食料理選擇更多，不但有天婦羅、炸雞塊等丼飯類，還有份量十足的漢堡、炸薯條。丼飯分為大、中、小，可依個人食量選擇，漢堡則有番茄淋醬的onwa漢堡和祕製醬汁照燒漢堡兩種。

　　除了正餐，onwa的甜點也十分吸引人，色彩繽紛的水果塔、抹茶塔、起司蛋糕、馬芬等，每天現作的品項都不太一樣，但同樣都是不使用麵粉的無麩質甜點！雖然onwa是咖啡廳，但這裡的茶也是特色之一。店主的搭檔是一位持有日式煎茶講師的茶葉專家，店裡供應以奈良縣茶葉製作的抹茶、日本茶、紅茶等，人氣招牌則是加入杏仁堅果奶的抹茶奇諾以及玄米茶，與甜點一起享用，加倍美味喔！

DATA

地址｜奈良縣奈良市三条大宮町3-23
電話｜0742-55-2534
公休｜週一、週二
信用卡｜可
營業時間｜12:00～20:00（五、六～21:00）
https://onwa.localinfo.jp/
https://www.facebook.com/onwa-1641066875905027/

洋溢日式風情的傳統茅草屋與地爐

春日のもみじの里 水谷茶屋

日式甜品／烏龍麵

 非素　 奶蛋素　 五辛素　 純素

　　水谷茶屋位於奈良公園內的紅水谷橋旁，建於大正初期，原本作為東屋（公園休憩所）之用，昭和23年才改建為提供旅人飲茶落腳的甘味處。這裡提供一般茶屋常見的日式點心，如使用宇治抹茶搭配和菓子的抹茶套餐、春夏限定的葛切、冬季限定的紅豆年糕湯（善哉）等。尤其是同時加上紅豆沙與黃豆粉的抹茶丸子，別有一番風味。夏季限定的刨冰到十月底為止，各種宇治抹茶口味是觀光客的最愛，清爽的鹽檸檬光聽起來就令人暑氣全消。

　　餐點方面只有烏龍麵，使用昆布高湯的維根料理都以綠色圓形貼紙標註在菜單上，點餐時只需認明綠色貼紙即可。Q彈爽口的烏龍麵可作為正餐，亦可當作輕食。除了必備的油豆腐烏龍麵和炸天婦羅花烏龍麵（あられうどん）之外，還有許多種類。菜單中所有的烏龍麵均有冷熱兩種，但冷麵為夏季限定。

1 素食烏龍麵除了基本款的油豆腐烏龍麵之外，還有菌菇烏龍麵「きのこうどん」800日圓等。**2** 夏季消暑聖品宇治金時刨冰700日圓，純素者點餐時只要知會店員，即可去煉乳。**3** 充滿年代感的地爐帶來平穩沉靜的氛圍。

DATA
地址｜奈良縣奈良市春日野町30
電話｜0742-22-0627
公休｜週三
信用卡｜不可
營業時間｜10:00～16:00
https://www.mizuyachaya.com/

54

春日大社參道旁的自然茶屋

春日荷茶屋

日式甜品

🍳 非素　🍳 奶蛋素　🍳 五辛素　🍳 純素

前往奈良公園觀光重點之一的春日大社，沿參道行至萬葉植物園的入口旁，即可看見春日荷茶屋。茶屋後方是寬敞開闊的庭園，沒有向遊客撒嬌討吃的鹿群，可以悠閒的享受慢時光。點餐之後先入坐，叫號後取餐即可。

茶屋的樂趣在於品嘗甜點，經典的抹茶組合不容錯過，附上的柿子最中以當地特產富有柿製作內餡，甜味清爽恰到好處。春秋季限定的自製艾蒿糰子也十分推薦，可選擇搭配紅豆沙或黃豆粉。夏季可以品嘗到限定的刨冰和冰涼的白玉紅豆湯（冷善哉），不過抹茶冰淇淋含有乳製品，純素食者需注意。人氣甜品柿子最中和使用吉野本葛製成的葛粉糕，除了內用亦有盒裝版，十分適合作為伴手禮！

1 人氣柿子最中抹茶套餐「抹茶 柿もなか付」650日圓，清爽可口的甜度搭配微苦抹茶，值得細細品味。**2** 從Q彈口感十足的自製艾蒿糰子「よもぎ団子」450日圓，吉野本葛製成的正統葛粉糕「くず餅」500日圓。**3** 開闊靜謐，可以享受四季景色的後院。

DATA

地址｜奈良縣奈良市春日野町160 春日大社
電話｜0742-27-2718
公休｜週一
信用卡｜不可
營業時間｜10:00～16:00
http://www.kasugataisha.or.jp
/h_s_tearoom/ninaityaya/

柴燒玄米與日本獨特的長壽飲食法料理

玄米庵

自然食／日式料理

 五辛素　　純素

　　從世界遺產法隆寺步行10分鐘，就能到達松本夫婦經營了十年以上的素食餐廳——玄米庵。這裡的餐點從玄米、蔬菜到調味料，全都根據長壽飲食的規範嚴格挑選。來到店前，首先印入眼簾的是一幅古香古色的深紅色暖簾，穿過暖簾，步入日式清雅的綠色庭園，隨四季而變化的綠植是那樣的可愛動人。進入餐廳看到具有時代感的鍋和臼，讓人不禁回憶起舊時美好的時光。

每月更新菜色的小鉢簡餐1400日圓，可在預約時註明需要去五辛。

兼具日式風情與舒適度的下凹
式坐席，溫暖木造建築令人感
受美好的舊時光。

　　主要營業時段為中午，餐點是每個月菜品都不同的小鉢料理，1400日
圓的簡餐為七道小鉢料理、一道主菜、玄米飯、玄米餅、味噌湯、醃菜、甜
點。2000日圓的套餐則是再加上豆乳冰淇淋和餐後飲品。這裡的店員每天早
晨都親自劈柴升火，以鍋釜蒸煮玄米，特選秋田縣的名米小町米，吃起來軟
糯香甜，推薦和羊栖菜搭配品嘗，使用麥味噌的味噌湯味道也十分出眾。蔬
果均來自於店主的哥哥精心栽培，初春時節還可以嘗到松本夫婦的雙親上山
摘採的蕨菜、虎杖等野菜。由於午間餐點是賣完即止，建議事先預約為宜。

　　使用杵和臼新鮮搗製的名物玄米餅，以炭火燻烤再淋上滋賀縣古法釀製
的醬油，樸實中帶有一種獨特的濃郁美味。手作的玄米餅在日本非常稀少，
除了餐點內附的玄米餅，也可以事前預約額外的數量作為伴手禮，一個只需
175日圓。晚餐需要在3天前預約，至少四人起，可以選擇籠御膳或清蒸蔬果
套餐等。純素食者可在預約或點餐時，註明去五辛即可。

DATA

地址｜奈良縣生駒郡斑鳩町法隆寺東1-3 24
電話｜0745-74-1986
公休｜週三
信用卡｜不可
營業時間｜11:00～15:00、17:00~21:00
https://www.facebook.com/玄米庵-1862725480698798/

走到哪素到哪的素食選項

雖說日本國內的素食餐廳正在逐漸增加，
但是在旅途中一時找不到素食餐廳的情況也屢見不鮮。
因而在此介紹幾家備有素食料理的連鎖店，增加便利性。

Curry House
CoCo壱番屋

連鎖簡餐

 非素
 五辛素

　　連鎖店數量榮登世界金氏紀錄第一的CoCo番屋，也為素食者開發了素食菜單。日式咖哩特有的濃稠度和米飯香糯口感總是令人胃口大開，可自選辣度、甜度、飯量、配料，豐富的彈性組合可以滿足任何人。全日本分店幾乎皆用提供素食咖哩CoCoICHI vegetarian curry、Allergen-free curry（五辛素），可利用官網的店鋪檢索機能，選擇地區，即可找到最近的店。2020/2/29前還有期間限定的Vegetable soup curry、Base soup curry也是五辛素可食。

ナチュラルハウス
Natural House

有機超市

 官網　　大阪店　　神戶店

　　Natural House是日本有機產品的專賣店，全國26家店鋪雖然大多集中於東京都內，但是在關西地區也有兩家分店，大阪店位於梅田的GRAND FRONT OSAKAうめきた場B1，神戶店也是在熱鬧的元町站旁。除了販售有機農產及加工商品，亦有推出熟食小菜與便當，方便旅行者能夠迅速的找到素食。

充滿植物生命能量的素食拉麵

和彩「花ざと」

日式料理

非素　　五辛素　　純素

　　這間自2013年開始提供日本正宗精進料理的餐廳——和彩「花ざ
と」，就在與關西機場直通的日航關西機場飯店二樓。料理長親自到
高野山準別格本院「無量光院」學習精進料理，並組織公司成員進行
台灣素食的視察之旅，活用台灣學習到知識進行調整，這才誕生了如
今花ざと的「精進御前」套餐。

　　精進御前是日常供應料理，無需事前預約，根據季節鮮蔬來設
計的菜單，約兩個月更替一次。包含固定菜品的天婦羅和豆腐料理
（湯豆腐、豆皮等），以及火鍋、米飯、湯品、季節性甜品等，使用
當日新鮮食材作成的十道料理，豐富的菜品和分量都讓人讚嘆不已。
天婦羅沾鹽是日本的道地吃法，花ざと準備了宇治抹茶、梅與天日鹽
三種，清爽的和風各有滋味，務必嘗試一下。雖然天婦羅中使用了洋
蔥等五辛食材，但只需在點餐時知會便可去除。套餐內容十分豐盛，
5200日圓的價格雖然略高，但物有所值。

1 外觀 **2** 以豆腐料理
和天婦羅為主的精進御
前套餐。**3** 從連結關西
機場的空中走道，即可
到達位於日航飯店二樓
的餐廳。

DATA

地址｜大阪府泉佐野市泉州空港北1番地　ホテル日航関西空港2F
電話｜072-455-1120
公休｜無
信用卡｜可
營業時間｜11:30～14:30（六日假～15:00）、
　　　　　17:30～21:30（L.O21:00）
https://www.nikkokix.com/restaurant/hanazato.html

附錄

飲食禁忌一覧表

すみません。私はベジタリアンです。
以下の表記に沿ってお薦めのメニューをご紹介頂けないでしょうか。

不好意思，由於我是素食者，可以按照以下標示推薦菜色嗎？謝謝。

ご迷惑をおかけして申し訳ありません，誠にありがとうございます。

不好意思造成你們的麻煩，非常謝謝。

動物性成分

☐　肉類（肉製品）

☐　魚介類・かつおだし・かつお 油など（海鮮）

☐　乳製品・チーズ・ヨーグルトなど（奶製品）

☐　卵製品・マヨネーズなど（蛋製品）

五葷（五辛）

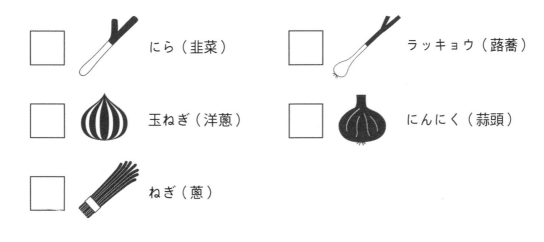

☐ にら（韮菜）　　　　☐ ラッキョウ（蕗蕎）

☐ 玉ねぎ（洋蔥）　　　☐ にんにく（蒜頭）

☐ ねぎ（蔥）

Others

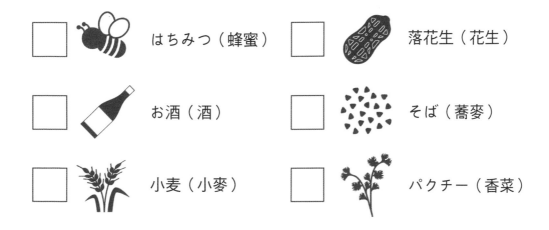

☐ はちみつ（蜂蜜）　　☐ 落花生（花生）

☐ お酒（酒）　　　　　☐ そば（蕎麥）

☐ 小麦（小麥）　　　　☐ パクチー（香菜）

點餐不頭痛！超簡單手指日語

すみません、わたしは日本語がわかりません。
お手数ですが、私の質問に対して、指で次の答えを指して下さい。

很抱歉，由於我不懂日文。
可以請你看一下我指的問題，並且同樣用手指指出回答。

すみません。ベジタリアンメニューはありますか？

請問哪一些餐點是蔬食可食用（不含肉、海鮮）？

オリエンタルベジタリアンのメニューはどちらですか？
※肉類、魚介類、乳製品、卵などの動物性成分、五葷（ネ
ギ、ニンニク、ニラ、ラッキョウ、アサツキ）が含まれてい
ないメニュー

請問哪一些餐點是東方素食者可食用（不含動物性成分、奶、蛋與五辛：韭菜、洋
蔥、蔥、蕗蕎與蒜頭）？

ラクト・オボメニューはどちらですか？
※肉類、魚介類、五葷（ネギ、ニンニク、ニラ、ラッキョウ、
アサツキ）が含まれていないメニュー。乳製品や卵類は可

請問哪一些餐點是蛋奶素食者可食用（奶、蛋ＯＫ，但是不含肉、海鮮與五辛：韭菜、
洋蔥、蔥、蕗蕎與蒜頭）？

動物性の食材・成分は含まれていますか？

請問這道菜有沒有含動物性成分？

あります 有	ありません 沒有

出汁は野菜で取っていますか？
それとも肉や魚介類（鰹節など）を使用していますか？

請問湯底是素食嗎？還是有使用海鮮、肉類熬煮？

ヴィーガンです（五葷も不使用）	ヴィーガンです（五葷は使用）	動物性の食材を使用しています
是純素	是五辛素	是非素

お料理に五葷（ネギ、ニンニク、ニラ、ラッキョウ、アサツキ）が含まれている場合、取り除くことはできますか？

請問料理中的五辛（韭菜、洋蔥、蔥、蕗蕎與蒜頭）可以拿掉嗎？

はい、 対応できます 可以	いいえ、 対応できません 抱歉，沒有辦法

食材から肉や魚などの動物性のものを除くことはできますか？もしくはそういったメニューはありますか？（肉や魚が入っていなければ大丈夫です）

請問料理可以作成鍋邊素嗎？或是有鍋邊素的料理嗎？不含肉或海鮮即可。

はい、 対応できます 可以	いいえ、 対応できません 抱歉，沒有辦法

天ぷら（海老など）を全て野菜に換えることはできますか？

請問能不能把炸天婦羅都換成炸蔬菜？

はい、 対応できます 可以	いいえ、 対応できません 抱歉，沒有辦法

地鐵交通＆店家速查index

　　關西地區私鐵路網交錯綿密，可說是日本交通最多元及複雜的區域。由於京都、大阪、神戶、奈良彼此之間距離不遠，大多數的旅客都會順遊二個以上的地區。本書附錄的店家速查index地鐵交通圖，是分地區標註本書店家所在車站的簡化地鐵圖，方便讀者就近查找餐廳為主。

　　完整的路線圖可以事先在各系統官網下載，在車站或觀光詢問處也很容易取得。各餐廳介紹中的QR Code可以直接連至Google地圖，只要善用路線查詢導航的功能，即使不懂日文，也能安心抵達。

　　複雜的交通網路也可以用省事的周遊券或Pass解決，以下將介紹最常見的四種。

JR西日本鐵路周遊券

車種簡單明瞭就是JR鐵路限定，不但可以搭乘關西機場特快「HARUKA」號，而且有多種天數和地區範圍可選，基本的京阪神奈良熱門景點都囊括在內，即使是初次前往關西自由行的旅客也能輕鬆對應。

關西地區鐵路周遊券
Kansai Area Pass

關西廣域鐵路周遊券
Kansai WIDE Area Pass

關西周遊卡 KANSAI THRU PASS

關西周遊卡簡稱KTP，分為2日票及3日票，期間內可以自由乘坐關西一帶的所有市營地鐵、私鐵及巴士（但不包括JR）。使用地區廣泛且行程彈性更高，無論是想走熱門觀光路線，還是想要深度探索特色城鎮的玩家都是很好的選擇。

KANSAI ONE PASS

若沒有東趕西跑的滿滿行程，其實買這張KANSAI ONE PASS就夠了。基本上這就是一張外國人專用的ICOCA卡，和台灣悠遊卡一樣是IC感應卡，儲值後即可免去每次投幣買票的過程，在觀光景點出示票卡可以享受優惠，而且因為沒有使用期限，日後前往日本一樣可用喔！

大阪店家速查index

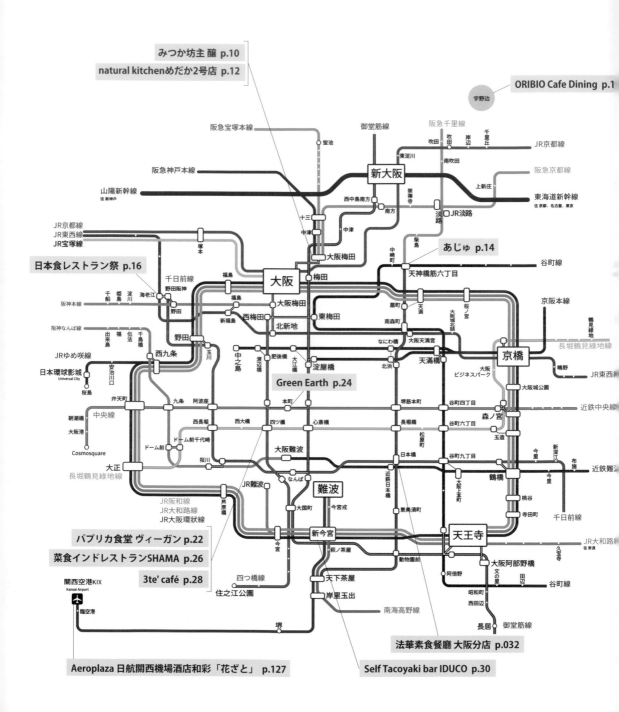

みつか坊主 醸 p.10

natural kitchenめだか2号店 p.12

ORIBIO Cafe Dining p.1

あじゅ p.14

日本食レストラン祭 p.16

Green Earth p.24

パプリカ食堂 ヴィーガン p.22

菜食インドレストランSHAMA p.26

3te' café p.28

法華素食餐廳 大阪分店 p.032

Aeroplaza 日航關西機場酒店和彩「花ざと」 p.127

Self Tacoyaki bar IDUCO p.30

京都店家速査index

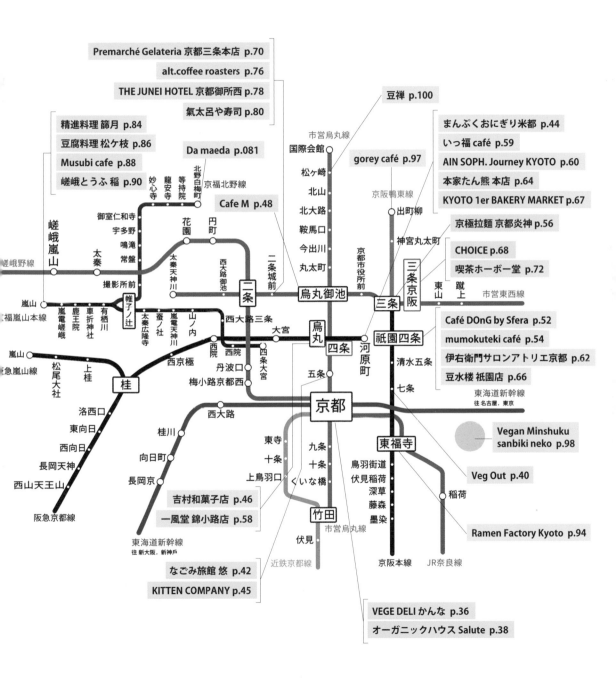

神戸店家速査index

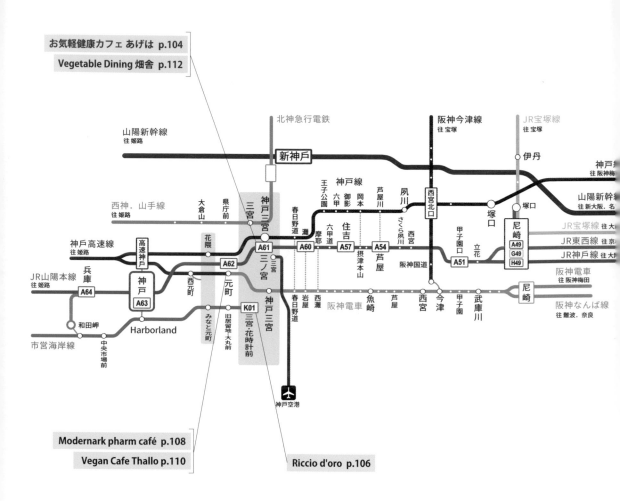

お気軽健康カフェ あげは　p.104

Vegetable Dining 畑舎　p.112

北神急行電鉄

山陽新幹線
往 姫路

阪神今津線
往 宝塚

JR宝塚線
往 宝塚

新神戸

伊丹

神戸線
往 阪神梅

山陽新幹線
往 新大阪・名

西神．山手線
往 姫路

大倉山

県庁前

神戸線

王子公園

六甲

御影

岡本

芦屋川

夙川

西宮北口

塚口

尼崎

JR宝塚線 往大

三宮

神戸三宮

春日野道

灘

摩耶

六甲道

住吉

芦屋

さくら夙川

西宮

甲子園口

立花

A49

A51

JR東西線 往大

神戸高速線
往 姫路

高速神戸

花隈

A61

A60

A57

A54

摂津本山

阪神国道

G49

H49

JR神戸線 往大

JR山陽本線
往 姫路

兵庫

A64

神戸

A63

西元町

A62

元町

三宮

神戸三宮

春日野道

岩屋

西灘

阪神電車

魚崎

芦屋

西宮

今津

甲子園

武庫川

尼崎

阪神電車
往 阪神梅田

阪神なんば線
往 難波・奈良

和田岬

Harborland

みなと元町

旧居留地・大丸前

K01
三宮・花時計前

市営海岸線

中央市場前

神戸空港

Modernark pharm café　p.108

Vegan Cafe Thallo　p.110

Riccio d'oro　p.106

奈良店家速査index

若草カレー本舗 p.118
春日のもみじの里 水谷茶屋 p.122
春日荷茶屋 p.123

喜菜亭 p.116
onwa p.120

玄米庵 p.124

執筆協力

千葉 芽弓　Miyumi Chiba

素食生產商
素食推廣活動計畫「Kansai Smile Veggies」負責人
「讓東京的素食更受喜愛」
以此為目標的同時，愛護我們的健康以及環境。
讓日本傳統食物轉變為天然素食，
使更多人能夠在接受的同時也傳承了傳統。
並且已持續四年關注＆
發布食品教育方面的日常資訊等活動。
目前正在設計能夠讓人驚喜和感到幸福的素食菜餚，
也接受關於素食菜單的諮詢。
FB　https://www.facebook.com/Kansaismile.veggies/

谷 和晃　KAZUAKI Tani

素食系部落格「宇宙BLOG」格主。
以「讓世界上的每一個人愛上素食拉麵和素食漢
堡」為中心，
為了日本素食文化的發展，持續在部落格中發布
日本素食的相關資訊。
喜歡的食物是義大利麵和臺灣素食。
讓所有人都變成素食主義者，是我的工作。
HP　http://vegepples.net/

玉木 千佐代　Tamaki Chisayo

居住於京都市。
主要在Instagram等SNS上介紹京都素食餐廳。
為了讓素食旅行者也能在京都市的熱門景點感受到日
本的道地服務（おもてなし），
因而收集京都的素食資訊。
在個人網站上推出了京都美味素食餐廳的搜尋地圖。
作為素食顧問，主要從事介紹當地素食餐廳，幫助餐
廳設計新菜單，普及素食等活動。
HP　http://diethelper.jp/

神谷 真奈　Kamiya Mana

曾任大阪新聞記者。隨後前往澳洲，
作為自由撰稿人採訪澳洲的日本人生活情況。
回到日本後在體育類報刊就職，
同時兼任NPO法人日本素食社區的理事長。
目前為方便素的素食者。愛好攀岩。

翻譯協力　黃珊珊

募資平台贊助名單
依筆劃順序

Abby Tsai	吉川夕葉	施佳龍	陳佩玉	趙川毅
Abby Tsai	在間麻里	施佳龍的中日素友會	陳孟荻	趙郁馨
chang yu ting	守護彰浩	星野渉	陳明怡	趙逸雅
Chen Claire	安藤 眞理	柯詩語	陳俊智	劉佩瑜
Christina	有限会社山本屋	柯蒼坤	陳冠儒	劉秉康
christina tsang	朱容瑩	洪任俞	陳厚安	劉威志
Elly Lei	佐野德之	洪英哲	陳建甫	劉政穎
Fish Chan	何芳儀	洪啟明	陳庭芳	劉素蘭
Hsu Hsin Yun	何美鳳	洪櫻芬	陳泰盛	劉諭縈
HUNG PEI TZU	余孟純	紀美快	陳湞雅	樂農莊
Jenny Ou	吳姍璟	范珮倫	陳榮三	橫溝真子
Joni Hung	吳致良	孫大弘	陳榮三	蔡志遠
Joyce Wu	吳章鵬	宮本航	陳儀敏	蔡佳蓉
Kiwi Hsieh	吳勝虎	徐廷懿	黃珊珊	蔡孟儒
kokeji	吳瑞芬	株式会社かるなぁ	傳品涵	蔡宜凌
Lim Say Ping	呂佩芳	翁思婷	曾佳志	蔡泳銘
Mia Lay	呂宗原	翁基福	曾玫鈺	蔡惠恩
Oicee!!Japan 片岡 究	李玉花	翁雅芸	曾芷澄	鄭伃媛
SHIZUKO HIROSE	李如意	翁瑩蕙	曾俊仁	鄭佳如
YOSHINORI SANO	李宛真	馬淑敏	曾靜芬	鄭美淑 Mei-Shu Cheng
YY Chan	李訓承	高子喬	森由佳	鄭涵玉
オイシージャパン 片岡究	李婧凝	高詩涵	森悠太	鄭燕燕
リンテカフェ	李尉齊	高睿鴻	渡邊理絵	盧昀芝
八基通商株式会社 福地康弘	李晨宇	龜田すみれ	湯為智 TANG WEIZHI	盧威志
千頭幸子	李雅琴	健康素友社 BETTY	菅谷照之	賴彥甫
大平泰之	李麗英	冨田裕二	菅野尚紀	賴淑卿
山下華子	汪信宏	國吉綾	袴田はるか	賴敬智
山崎佳明	沈建曄	常涵	須田このみ	駱亭安
山崎恵美	周宜靜	張力兒	黃巧瑞	戴千惠
山﨑由華	和田海二	張定祺	黃希瑜	戴帛娟
川西哲平	房欣蓉	張晉榮	黃怡翔	薛雅方
川浦敦也	林伊容	張善融	黃俊豪	謝瞫容
中村岳人	林育緯	張智雲	黃昱偉	禮儀頻
中村逸作	林佳儀	張聖煙	黃翊綺	簡嘉志
中原宏尚	林欣穎	張維心	黃智順	藍邦銘
今泉翔汰	林姝羚	梁美琳	黃雅群	魏琴
方世同	林計德	梁筑鈞	黃筠涵	瀧美どり
王妙如	林韋伸	深森史子	黃靖融	瀨下貴子
王性淵	林容寬	莊承暐	黃麗盈	羅雅羚
王秉勳	林恩皓小朋友	莊普迦	楊志堅	羅雅羚
王姿婷	林翊雯	莊雅涵	楊明發	藤井雄己
王政筌	林極書	莊環福	楊家軫	難波俊哉
王詠翔	林煜翔	許元瑋	楊許玉教（新竹）	寶吉祥蔬食料理廚房
王楚翹	林祺翰	許月華	楊雅惠	蘇映先
王語麒	林靖堡	許庭梅	董純美	蘇蘭馨
王慧鈴	邱麗璉	連偉誠	道越万由子	鐘鳴晴
王鴻偉	邱馨儀	連雅苹	鈴木耕太郎	桜井恵
王藝靜	金子泰士	郭兆育	雷雅東	
包令嘉	長友慎治	郭志仙	廖佩琪	
田島慎太郎	阿部貴英	郭春秀	廖怡雯	
田熊力也	姜冏林	陳玉烜	廖彩娥	
白澤繁樹	姜思妤	陳任彰	廖雅惠	

國家圖書館出版品預行編目 (CIP) 資料

關西食素！美味蔬食餐廳 55 選 / 山崎寬斗著 .
– 初版 . -- 新北市：雅書堂文化，2020.01
　面；　公分 . -- (Vegan map 蔬食旅；2)
ISBN 978-986-302-525-2(平裝)

1. 餐飲業 2. 素食 3. 日本關西

483.8　　　　　　　　　　　108021633

Vegan Map 蔬食旅 02

關西食素！
美味蔬食餐廳 55 選

作　　　　　者／山崎寬斗（Food Diversity Inc.）
發　行　　人／詹慶和
執　行　編　輯／蔡毓玲
編　　　　　輯／劉蕙寧・黃璟安・陳姿伶・陳昕儀
執　行　美　術／周盈汝
美　術　編　輯／陳麗娜・韓欣恬
出　　版　　者／雅書堂文化事業有限公司
發　行　　者／雅書堂文化事業有限公司
郵政劃撥帳號／18225950
戶　　　　　名／雅書堂文化事業有限公司
地　　　　　址／新北市板橋區板新路 206 號 3 樓
電　　　　　話／ (02)8952-4078
傳　　　　　真／ (02)8952-4084
電　子　信　箱／ elegant.books@msa.hinet.net

2020年01月初版一刷　定價 350 元

經銷／易可數位行銷股份有限公司
地址／新北市新店區寶橋路 235 巷 6 弄 3 號 5 樓
電話／ (02)8911-0825
傳真／ (02)8911-0801

無時無刻都嚮往
去日本旅遊的
台灣朋友們
讓我們一起探索
充滿魅力的日本吧

2019.4 開始啟用

關於HafH *(What is HafH ?)*

「HafH(海泊)」是從全日本的住宿設施中，精心挑選出一百間以上可利用且每個月繳交定額就可以盡情享受所有住宿的創新服務。您可以根據住宿長短選擇住宿方案，推薦給長期旅行的人使用。全住宿設施皆設有Wi-Fi。來日本時，不妨使用「HafH(海泊)」。

住宿據點一覽（其他住宿設施、請至官網瀏覽）*(Guests Facility List)*

KYOTO 京都 **FUKUOKA** 福岡 **HIROSHIMA** 廣島

HafH Plan

POINT #01	POINT #02	POINT #03
申辦會員即可 享有首月免費	變更方案需要在 前一個月的最後一天申請!	最長可以連續 使用90天!

註冊會員 *(Sign Up Steps)*

STEP 01 登入網頁 → STEP 02 選擇定額方案 → HafH 開始使用 → STEP 03 選擇住宿設施

申辦會員、預約住宿設施
請至HafH官方網站

https://hafh.com/en/top

・無法在免費的首月及下個月取消會員、變更方案（方案降級）。・即使您在首次註冊時，預訂日期是90天後的話，也會在註冊後的下個月1日向您收取費用。・視住宿設施狀況而定，可能會無法預訂所選的住宿設施。・一部份的住宿設施只有上下鋪背包客房・詳細資訊請至「使用條款」https://app.hafh.com/terms_of_service) 以及「會員定額方案」(https://app.hafh.com/notice)瀏覽。

以上內容自2019年8月到現在。

3te' Cafe'
サンテカフェ

心齋橋三分鐘徒步圈內 和洋風人氣餐廳！

醬汁豆腐豆腐和風米拼盤拼醬

照燒淋醬肉末風炙漢堡丼飯

山芋豆腐佐南瓜醬調理面底的維根蛋包飯

香濃的素肉燉咖哩奶汁烤菜

3te'
Cafe'
サンテカフェ

心齋橋站

8號出口

About Us

3te'
Cafe'
サンテカフェ

地　　址｜大阪府大阪市中央區西心齋橋1丁目10-17（隱藏在一棟二樓建築中略微難找的地方
電　　話｜06-6243-5766
公　　休｜每週二
營業時間｜週一：18時00分〜22時00分　　週二至週日：11時30分〜16時00分，18時00分〜22時00分